计算机基础与实训教材系列

中文版

Premiere Pro CC 2018视频编辑

实例教程

桑学峰　主　编

卢　锋　副主编

清华大学出版社

北　京

内 容 简 介

本书是南京邮电大学 2017 年教学改革研究立项项目"基于工作室制的电视制作课程教学模式研究"(编号: JG01717JX91)的研究成果。本书从视频制作中所遇到的实际问题出发，采用"项目引导、任务驱动"的项目化教学编写方式，体现"基于工作过程""教、学、做"一体化的教学理念和实践特点。以软件使用流程为主线、以案例制作为抓手，由浅入深、循序渐进地介绍 Adobe 公司的经典非线性编辑软件——中文版 Premiere Pro CC 2018 的操作方法和使用技巧。全书的具体内容包括：熟悉 Premiere Pro CC 2018、采集与管理素材、编辑视频素材、视频过渡、设置运动效果、使用视频特效、使用外挂滤镜、视频合成、制作字幕、应用音频、输出影片、综合实训。项目案例具有典型性、实用性、趣味性和可操作性等特点，读者能够通过项目案例完成相关知识的学习和技能的训练。

本书既可作为高等院校及各类社会培训学校的优秀教材，也可作为广大视频制作爱好者的自学参考书。

本书对应的电子课件、实例源文件和习题答案可以到 http://www.tupwk.com.cn/edu 网站下载。

本书封面贴有清华大学出版社防伪标签，无标签者不得销售。

版权所有，侵权必究。举报：010-62782989，beiqinquan@tup.tsinghua.edu.cn。

图书在版编目(CIP)数据

中文版 Premiere Pro CC 2018 视频编辑实例教程 / 桑学峰 主编. —北京：清华大学出版社，2019（2022.1重印
(计算机基础与实训教材系列)
ISBN 978-7-302-51749-8

Ⅰ. ①中… Ⅱ. ①桑… Ⅲ. ①视频编辑软件—教材 Ⅳ. ①TN94

中国版本图书馆 CIP 数据核字(2018)第 271424 号

责任编辑：胡辰浩
装帧设计：孔祥峰
责任校对：牛艳敏
责任印制：沈　露

出版发行：清华大学出版社　　　　　　　　　　　地　　　址：北京清华大学学研大厦 A 座
　　　　　http://www.tup.com.cn　　　　　　　邮　　　编：100084
　　　　　社　总　机：010-62770175　　　　　邮　　　购：010-62786544
　　　　　投稿与读者服务：010-62776969, c-service@tup.tsinghua.edu.cn
　　　　　质 量 反 馈：010-62772015, zhiliang@tup.tsinghua.edu.cn
印 装 者：小森印刷霸州有限公司
经　　销：全国新华书店
开　　本：190mm×260mm　　印　　张：19.25　　字　　数：517 千字
版　　次：2019 年 3 月第 1 版　　　　　　　印　　次：2022 年 1 月第 4 次印刷
定　　价：69.00 元

产品编号：068312-02

编审委员会

计算机已经广泛应用于现代社会的各个领域，熟练使用计算机已经成为人们必备的技能之一。因此，如何快速地掌握计算机知识和使用技术，并应用于现实生活和实际工作中，已成为新世纪人才迫切需要解决的问题。

为适应这种需求，各类高等院校、高职高专、中职中专、培训学校都开设了计算机专业的课程，同时也将非计算机专业学生的计算机知识和技能教育纳入教学计划，并陆续出台了相应的教学大纲。基于以上因素，清华大学出版社组织一线教学精英编写了这套"计算机基础与实训教材系列"丛书，以满足大中专院校、职业院校及各类社会培训学校的教学需要。

一、丛书书目

本套教材涵盖了计算机各个应用领域，包括计算机硬件知识、操作系统、数据库、编程语言、文字录入和排版、办公软件、计算机网络、图形图像、三维动画、网页制作以及多媒体制作等。众多的图书品种可以满足各类院校相关课程设置的需要。

⊙　已出版的图书书目

《计算机基础实用教程（第三版）》	《Excel 财务会计实战应用（第三版）》
《计算机基础实用教程（Windows 7+Office 2010 版）》	《Excel 财务会计实战应用（第四版）》
《新编计算机基础教程（Windows 7+Office 2010）》	《Word+Excel+PowerPoint 2010 实用教程》
《电脑入门实用教程（第三版）》	《中文版 Word 2010 文档处理实用教程》
《电脑办公自动化实用教程（第三版）》	《中文版 Excel 2010 电子表格实用教程》
《计算机组装与维护实用教程（第三版）》	《中文版 PowerPoint 2010 幻灯片制作实用教程》
《网页设计与制作（Dreamweaver+Flash+Photoshop）》	《Access 2010 数据库应用基础教程》
《ASP.NET 4.0 动态网站开发实用教程》	《中文版 Access 2010 数据库应用实用教程》
《ASP.NET 4.5 动态网站开发实用教程》	《中文版 Project 2010 实用教程》
《多媒体技术及应用》	《中文版 Office 2010 实用教程》
《中文版 PowerPoint 2013 幻灯片制作实用教程》	《Office 2013 办公软件实用教程》
《Access 2013 数据库应用基础教程》	《中文版 Word 2013 文档处理实用教程》
《中文版 Access 2013 数据库应用实用教程》	《中文版 Excel 2013 电子表格实用教程》
《中文版 Office 2013 实用教程》	《中文版 Photoshop CC 图像处理实用教程》
《AutoCAD 2014 中文版基础教程》	《中文版 Flash CC 动画制作实用教程》
《中文版 AutoCAD 2014 实用教程》	《中文版 Dreamweaver CC 网页制作实用教程》

《AutoCAD 2015 中文版基础教程》	《中文版 InDesign CC 实用教程》
《中文版 AutoCAD 2015 实用教程》	《中文版 Illustrator CC 平面设计实用教程》
《AutoCAD 2016 中文版基础教程》	《中文版 CorelDRAW X7 平面设计实用教程》
《中文版 AutoCAD 2016 实用教程》	《中文版 Photoshop CC 2015 图像处理实用教程》
《中文版 Photoshop CS6 图像处理实用教程》	《中文版 Flash CC 2015 动画制作实用教程》
《中文版 Dreamweaver CS6 网页制作实用教程》	《中文版 Dreamweaver CC 2015 网页制作实用教程》
《中文版 Flash CS6 动画制作实用教程》	《Photoshop CC 2015 基础教程》
《中文版 Illustrator CS6 平面设计实用教程》	《中文版 3ds Max 2012 三维动画创作实用教程》
《中文版 InDesign CS6 实用教程》	《Mastercam X6 实用教程》
《中文版 Premiere Pro CS6 多媒体制作实用教程》	《Windows 8 实用教程》
《中文版 Premiere Pro CC 视频编辑实例教程》	《计算机网络技术实用教程》
《中文版 Illustrator CC 2015 平面设计实用教程》	《Oracle Database 11g 实用教程》
《AutoCAD 2017 中文版基础教程》	《中文版 AutoCAD 2017 实用教程》
《中文版 CorelDRAW X8 平面设计实用教程》	《中文版 InDesign CC 2015 实用教程》
《Oracle Database 12c 实用教程》	《Access 2016 数据库应用基础教程》
《中文版 Office 2016 实用教程》	《中文版 Word 2016 文档处理实用教程》
《中文版 Access 2016 数据库应用实用教程》	《中文版 Excel 2016 电子表格实用教程》
《中文版 PowerPoint 2016 幻灯片制作实用教程》	《中文版 Project 2016 项目管理实用教程》
《Office 2010 办公软件实用教程》	《AutoCAD 2018 中文版基础教程》

二、丛书特色

1. 选题新颖，策划周全——为计算机教学量身打造

本套丛书注重理论知识与实践操作的紧密结合，同时突出上机操作环节。丛书作者均为各大院校的教学专家和业界精英，他们熟悉教学内容的编排，深谙学生的需求和接受能力，并将这种教学理念充分融入本套教材的编写中。

本套丛书全面贯彻"理论→实例→上机→习题"4 阶段教学模式，在内容选择、结构安排上更加符合读者的认知习惯，从而达到老师易教、学生易学的目的。

2. 教学结构科学合理、循序渐进——完全掌握"教学"与"自学"两种模式

本套丛书完全以大中专院校、职业院校及各类社会培训学校的教学需要为出发点，紧密结合学科的教学特点，由浅入深地安排章节内容，循序渐进地完成各种复杂知识的讲解，使学生能够一学就会、即学即用。

对教师而言，本套丛书根据实际教学情况安排好课时，提前组织好课前备课内容，使课堂教学过程更加条理化，同时方便学生学习，让学生在学习完后有例可学、有题可练；对自学者而言，可以按照本书的章节安排逐步学习。

3. 内容丰富，学习目标明确——全面提升"知识"与"能力"

本套丛书内容丰富，信息量大，章节结构完全按照教学大纲的要求来安排，并细化了每一章内容，符合教学需要和计算机用户的学习习惯。在每章的开始，列出了学习目标和本章重点，便于教师和学生提纲挈领地掌握本章知识点，每章的最后还附带上机练习和习题两部分内容，教师可以参照上机练习，实时指导学生进行上机操作，使学生及时巩固所学的知识。自学者也可以按照上机练习内容进行自我训练，快速掌握相关知识。

4. 实例精彩实用，讲解细致透彻——全方位解决实际遇到的问题

本套丛书精心安排了大量实例讲解，每个实例解决一个问题或是介绍一项技巧，以便读者在最短的时间内掌握计算机应用的操作方法，从而能够顺利解决实践工作中的问题。

范例讲解语言通俗易懂，通过添加大量的"提示"和"知识点"的方式突出重要知识点，以便加深读者对关键技术和理论知识的印象，使读者轻松领悟每一个范例的精髓所在，提高读者的思考能力和分析能力，同时也加强了读者的综合应用能力。

5. 版式简洁大方，排版紧凑，标注清晰明确——打造一个轻松阅读的环境

本套丛书的版式简洁、大方，合理安排图与文字的占用空间，对于标题、正文、提示和知识点等都设计了醒目的字体符号，读者阅读起来会感到轻松愉快。

三、读者定位

本丛书为所有从事计算机教学的老师和自学人员而编写，是一套适合于大中专院校、职业院校及各类社会培训学校的优秀教材，也可作为计算机初、中级用户和计算机爱好者学习计算机知识的自学参考书。

四、周到体贴的售后服务

为了方便教学，本套丛书提供精心制作的 PowerPoint 教学课件(即电子教案)、素材、源文件、习题答案等相关内容，可在网站上免费下载，也可发送电子邮件至 wkservice@vip.163.com 索取。

此外，如果读者在使用本系列图书的过程中遇到疑惑或困难，可以在丛书支持网站(http://www.tupwk.com.cn/edu)的互动论坛上留言，本丛书的作者或技术编辑会及时提供相应的技术支持。咨询电话：010-62796045。

计算机基础与实训教材系列

　　Adobe 公司的 Adobe Creative Cloud 自发布以来，备受媒体和用户的关注，这一系列高度集成、行业领先的设计和开发工具为所有的创意流程做出了革命性的贡献。非线性编辑软件 Premiere Pro CC 2018 是其重要的组成部分。利用 Premiere 用户可以轻松地捕捉数码视频，并通过使用多轨的影像与声音合成来制作 Microsoft Video for Windows(.avi)和 QuickTime Movies(.mov)等动态影像格式。通过与 After Effects CC 2018、 Photoshop CC 2018 等软件的集成，可扩大用户的创意选择空间。利用 Premiere 用户还可以将内容传输到 DVD、蓝光光盘、Web 和移动设备。

　　本书从视频制作中所遇到的实际问题出发，采用"项目引导、任务驱动"的项目化教学编写方式，体现"基于工作过程"和"教、学、做"一体化的教学理念和实践特点。通过典型性、实用性、趣味性和可操作性较强的项目任务和拓展训练，由浅入深，循序渐进，将知识点融入任务和训练中，使学生在完成任务的过程中不断掌握视频制作的技能。全书共分 12章，主要内容如下：

　　第 1 章介绍 Premiere Pro CC 2018 的工作界面和基本工作流程。

　　第 2 章介绍在 Premiere Pro CC 2018 中如何对素材进行采集、导入和管理。

　　第 3 章介绍在 Premiere Pro CC 2018 中如何进行影视素材的编辑。

　　第 4 章介绍在 Premiere Pro CC 2018 中如何应用视频过渡效果。

　　第 5 章介绍在 Premiere Pro CC 2018 中如何设置运动效果。

　　第 6 章介绍在 Premiere Pro CC 2018 中如何应用视频特效。

　　第 7 章介绍在 Premiere Pro CC 2018 中如何使用外挂滤镜。

　　第 8 章介绍在 Premiere Pro CC 2018 中如何进行视频合成。

　　第 9 章介绍使用旧版标题、文字工具、图形工具等进行字幕编辑的技巧。

　　第 10 章介绍在 Premiere Pro CC 2018 中如何应用音频。

　　第 11 章介绍在 Premiere Pro CC 2018 中如何进行作品的合成和输出。

　　第 12 章介绍如何使用 Premiere Pro CC 2018 制作视频短片《南京如画》。

　　本书图文并茂，条理清晰，通俗易懂，内容丰富，在讲解每个知识点时都配有相应的实例，方便读者上机实践。同时在难以理解和掌握的部分内容上给出相关提示，让读者能够快速提高操作技能。此外，本书配有大量综合实例和练习，让读者在实际操作中更加牢固地掌握书中讲解的内容。

　　除封面署名的作者外，参与本书编写的人员还有马荣炜、丁佳、朱仁凤、胡翰林、唐玉杰、时雨等。由于作者水平有限，书中难免有错误与不足之处，恳请专家和广大读者批评指正。我们的电话是 010-62796045，信箱是 huchenhao@263.net。

　　本书对应的电子课件、实例源文件和习题答案可以到 http://www.tupwk.com.cn/edu 网站下载。

作　者

2018 年 12 月

推荐课时安排

章　名	重 点 掌 握 内 容	教 学 课 时
第 1 章　熟悉 Premiere Pro CC 2018	1. 认识 Premiere Pro CC 2018 2. 启动与退出 Premiere Pro CC 2018 3. 熟悉 Premiere Pro CC 2018 的工作界面 4. 了解 Premiere Pro CC 2018 的菜单命令 5. 掌握视频编辑基础知识 6. 拓展训练	2 学时
第 2 章　采集与管理素材	1. 采集素材 2. 导入素材 3. 管理素材 4. 拓展训练	2 学时
第 3 章　编辑视频素材	1. 剪辑素材 2. 三点编辑和四点编辑 3. 使用【时间线】窗口剪辑素材 4. 使用【监视器】窗口剪辑素材 5. 掌握高级编辑技巧 6. 拓展训练	3 学时
第 4 章　视频过渡	1. 了解视频过渡 2. 设置视频过渡效果 3. 拓展训练	3 学时
第 5 章　设置运动效果	1. 运动效果基本设置 2. 控制运动的高级设置 3. 拓展训练	3 学时
第 6 章　使用视频特效	1. 视频特效基础知识 2. 应用视频特效 3. 视频特效分类 4. 拓展训练	2 学时
第 7 章　使用外挂滤镜	1. 认识外挂滤镜 2. 应用外挂滤镜 3. 拓展训练	3 学时

(续表)

章　名	重 点 掌 握 内 容	教 学 课 时
第 8 章　视频合成	1. 认识视频合成 2. 应用键控 3. 应用遮罩 4. 拓展训练	3 学时
第 9 章　制作字幕	1. 利用旧版标题制作字幕 2. 利用文字工具和基本图形制作字幕 3. 利用其他方式制作字幕 4. 制作活动字幕 5. 拓展训练	3 学时
第 10 章　应用音频	1. 了解音频的基础知识 2. 音频基本操作 3. 音频的剪辑与合成 4. 应用音频特效 5. 拓展训练	3 学时
第 11 章　输出影片	1. 了解导出影片 2. 导出影片设置 3. 使用 Adobe Media Encoder 4. 导出视频画面为图像 5. 拓展训练	2 学时
第 12 章　综合实训	制作视频短片《南京如画》	3 学时

目 录

计算机 基础与实训教材系列

第1章

熟悉 Premiere Pro CC 2018

学习目标

　　Premiere Pro 是由美国 Adobe 公司推出的一款非线性视频编辑软件，它具有较高的画面质量和兼容性，且可以与 Adobe 公司推出的其他软件相互协作。目前，这款软件广泛应用于影视编辑、广告制作和电视节目的制作中。它提供了采集、剪辑、调色、美化音频、字幕添加、输出、DVD刻录等一整套流程，并可以和其他 Adobe 软件高效集成，满足用户创建高质量作品的要求。新版的 Premiere Pro CC 2018 经过重新设计，能够提供更强大、更高效的增强功能与专业工具，而且更易学、高效、精确，使用户制作影视节目的过程更加轻松。

本章重点

- ⊙ Premiere Pro CC 2018 的功能
- ⊙ Premiere Pro CC 2018 的特点
- ⊙ Premiere Pro CC 2018 的工作界面
- ⊙ Premiere Pro CC 2018 的菜单命令

任务 1　认识 Premiere Pro CC 2018

　　Premiere Pro CC 2018 的功能较之前的版本更加强大。其不仅可以在计算机上编辑、观看更多种文件格式的电影，还优化了工作流程，增强了对 VR 视频的支持，可以同时处理多个项目，实现独立项目的片段或场景之间的跳转，并可以复制项目中的部分内容。此外，Premiere Pro CC 2018还提供了共享项目的锁定、素材的 VR 旋转、校准水平线、对齐视角等功能，改进了基本图形工作流程，支持区域隐藏式字幕标准。

1.1.1　安装 Premiere Pro CC 2018 的系统要求

　　编辑视频需要较强的计算机资源支持，因此配置用于视频编辑的计算机时，需要考虑硬盘的容量与转速、内存的容量和处理器的主频高低等硬件因素。这些硬件因素会影响视频文件保存的容量、处理和渲染输出视频文件时的运算速度。以下是安装和使用 Premiere Pro CC 2018 的系统要求。

- Intel Core 2 Duo 或 AMD Phenom II 处理器，需要 64 位支持。
- 需要 64 位操作系统：Microsoft Windows Vista Home Premium、Business、Ultimate 或 Enterprise(带有 Service Pack 1)或者 Windows 7 及以上。
- 4GB 内存(推荐 8GB 或更大内存)。
- 10GB 可用硬盘空间(在安装过程中需要额外的可用空间)。
- DV 和 HDV 编辑需要专用的 7200 转/分的硬盘；HD 需要条带化的磁盘阵列存储空间 (RAID0)；最好是 SCSI 磁盘子系统。
- 1280×1024 显示器分辨率，OpenGL 2.0 兼容图形卡。
- Microsoft DirectX 或 ASIO 兼容声卡。
- 对于 SD/HD 工作流程，需要经 Adobe 认证的卡来捕捉并导出到磁带。
- DVD-ROM 驱动器。
- 制作蓝光光盘需要蓝光刻录机。
- 制作 DVD 需要 DVD+/-R 刻录机。
- 如果 DV 和 HDV 要捕捉、导出到磁带并传输到 DV 设备上，则需要 OHCI 兼容的 IEEE 1394 端口。
- 使用 QuickTime 功能需要 QuickTime 7.6.6 软件。
- 产品激活需要 Internet 或电话连接。
- Adobe Stock Photos 和其他服务需要宽带 Internet 连接。

1.1.2 Premiere Pro CC 2018 的新功能

Premiere Pro CC 2018既可以用于非线性编辑，又可以用于建立Adobe Flash Video、QuickTime、RealMedia或者Windows Media影片。使用Premiere Pro CC 2018可以实现以下功能。

- 视频和音频的剪辑。
- 字幕叠加：叠加透明图片，如 PSD、自带字幕软件、可外挂字幕插件。
- 音频、视频同步：调整音频、视频不同步的问题。
- 格式转换：几乎可以处理任何格式，包括对 DV、HDV、Sony XDCAM、XDCAM EX、Panasonic P2 和 AVCHD 的原生支持。支持导入和导出 FLV、F4V、MPEG-2、QuickTime、Windows Media、AVI、BWF、AIFF、JPEG、PNG、PSD、TIFF 等。
- 添加、删除音频和视频(配音或画面)。
- 多层视频、音频合成。
- 加入视频转场特效。
- 音频、视频的修整：对音频、视频进行各种调整，添加各种特效。
- 使用图片、视频片段制作电影。
- 导入数字摄影机中的影音段进行编辑。

Premiere Pro CC 2018 的核心技术是将视频文件逐帧展开，然后以帧为精度进行编辑，并且可以实现与音频文件的同步，这些功能的处理体现了非线性编辑软件的特点和功能。使用计算机制作影片显著的优点就是将数字化的文件输入计算机之后，只要对文件进行操作，就可以对内容进行添加、删除和应用效果等。

1.1.3　Premiere Pro CC 2018 的特点

Premiere Pro CC 2018 的新增功能和变更，包括 Premiere Pro 中的 After Effects 工作流、主剪辑效果、支持 Typekit 字体、同步设置和文件管理、编辑体验强化、媒体管理增强功能、音频相关的增强功能、跨平台支持视频效果和过渡、图形性能和原生格式支持增强、新的作品格式、其他增强功能以及新增和更改的键盘快捷键等。

- ⦿ Premiere Pro 中的 After Effects 工作流：Premiere Pro CC 2018 实现了与 After Effects 更紧密的集成，提供了新的剪辑效果以及多项新功能和增强功能，使视频后期制作流程更加方便快捷。
- ⦿ 主剪辑效果、支持 Typekit 字体：在 Premiere Pro CC 2018 中，将效果应用到主剪辑时，效果会自动扩散到序列中使用的主剪辑的所有部分。对主剪辑应用效果或通过 LUT(Lookup Table，颜色查找表)配置后，该效果或颜色变更会自动应用到序列中的主剪辑的每个实例中。此外，对效果进行的任何后续调整，都会自动扩散到所有序列剪辑。通过将【效果】面板的效果拖动到主剪辑处，可将效果应用到主剪辑。要查看或调整序列剪辑中的主剪辑效果，可使用【匹配帧】功能将该序列的主剪辑加载到源监视器中。然后，从【效果控件】面板调整所有已应用的效果。Premiere Pro CC 2018 支持 Adobe 的订阅字体服务 Typekit，通过搜索等操作，可以轻松地帮助用户找到喜欢的海报或者字体。
- ⦿ 同步设置和文件管理：Adobe Creative Cloud 具有在线存储功能，可让用户随时随地通过任意设备或计算机访问自己的文件。利用 Premiere Pro CC 2018 可将项目直接自动保存到基于 Creative Cloud 的存储空间，从而方便地将项目备份到安全且易于访问的存储环境中。
- ⦿ 编辑体验强化：使用 Premiere Pro CC 2018 的【反转匹配帧】命令，可找到源监视器中加载的帧并将其在时间轴中进行匹配。
- ⦿ 跨平台支持视频效果和过渡：为了给效果和过渡提供一致的跨平台支持，Premiere Pro CC 2018 支持在 Windows 和 Mac 平台上实现同样的效果和过渡。

任务 2　启动与退出 Premiere Pro CC 2018

本节将简要介绍如何启动和退出 Premiere Pro CC 2018，便于读者学习和使用该软件。

1.2.1　启动 Premiere Pro CC 2018

(1) Premiere Pro CC 2018 安装完毕后，可以选择菜单栏中的【开始】|【所有程序】| Adobe

命令，在弹出的子菜单中选择 Adobe Premiere Pro CC 2018 命令，或者在桌面上双击图标，以启动 Premiere Pro CC 2018 程序。

(2) 在启动过程中，会弹出如图 1-1 所示的信息面板。

(3) 稍后进入开始使用界面，如图 1-2 所示，单击该界面上的【新建项目】按钮。

图 1-1　Premiere Pro CC 2018 的启动信息面板　　图 1-2　Premiere Pro CC 2018 的开始使用界面

提示

在开始使用界面中除【新建项目】按钮外，还包括以下几个按钮。

- ◉　【打开项目】：打开已有的项目文件。
- ◉　【新建团队项目】：新建可以协作的团队项目。
- ◉　【打开团队项目】：打开最近编辑或打开过的团队项目文件。

(4) 弹出【新建项目】对话框，如图 1-3 所示。在该对话框中可以设置文件的格式、编辑模式、帧尺寸，单击【位置】右侧的【浏览】按钮，可以选择文件的保存路径。在【名称】右侧的文本框中输入当前项目文件的名称，然后单击【确定】按钮。

(5) 此时即可进入 Premiere Pro CC 2018 的工作界面，如图 1-4 所示，然后就可以进行编辑工作了。执行【文件】|【新建】|【序列】命令，系统会弹出【新建序列】对话框，如图 1-5 所示。设置完序列参数后，单击【确定】按钮。

图 1-3　【新建项目】对话框

图 1-4　Premiere Pro CC 2018 的工作界面

图 1-5　【新建序列】对话框

1.2.2　退出 Premiere Pro CC 2018

在 Premiere Pro CC 2018 软件中完成编辑操作后，在菜单栏中选择【文件】|【退出】命令，此时会弹出提示对话框，如图 1-6 所示。该对话框提示用户是否对当前项目文件进行保存，其中包含 3 个按钮。

⊙　【是】：对当前项目文件进行保存，然后关闭软件。

图 1-6　提示对话框

计算机 基础与实训教材系列

◉ 【否】：不保存直接退出软件。

◉ 【取消】：回到编辑项目文件中，不退出软件。

任务 3 熟悉 Premiere Pro CC 2018 的工作界面

Premiere 是具有交互式界面的软件，其工作界面中包含多个工作组件。用户可以方便地通过组合使用菜单和面板，直观地完成视频编辑。

Premiere Pro CC 2018 工作界面中的面板不仅可以随意控制关闭和开启，还能任意组合和拆分。用户可以根据自身的习惯来定制工作界面。

1.3.1 【项目】窗口

【项目】窗口一般用来存储【时间线】窗口中编辑合成的原始素材。在【项目】窗口的当前页的标签上显示了项目名，如图 1-7 所示。【项目】窗口分为上下两个部分：下半部分显示的是原始素材，上半部分显示的是下半部分选中素材的一些信息。这些信息包括该视频的分辨率、持续时间、帧率和音频的采样频率、声道等。同时，在上半部分还可以显示当前所在文件夹的位置和该文件夹中所有素材的数目。如果该素材是视频素材或者音频素材，还可以单击播放按钮进行预览播放。

在【项目】窗口的左下方，有一组工具按钮，各按钮的含义如下。

◉ 【列表视图】按钮▤：该按钮控制原始素材的显示方式。如果单击该按钮，那么【项目】窗口中的素材将以列表的方式显示出来，这种方式会显示该素材的名称、标题、视频入点等参数。在该显示方式下，可以单击相应的属性栏。例如，单击【名称】栏，则这些素材将按照名称的顺序进行排列；如果再单击【名称】栏，则排列顺序变为相反(也就是降序变为升序，升序则变为降序)。

◉ 【图标】按钮▬：该按钮控制原始素材的显示方式，它让原始素材以图标的方式进行显示。在这种显示方式下，用一个图标表示该素材，然后在图标下面，显示了该素材的名称和持续时间。

◉ 【自动匹配到序列】按钮▬：该按钮用于把选定的素材按照特定的方式加入到当前选定的【时间线】窗口中。单击该按钮，将会出现【序列自动化】对话框，用于设置插入的方式，如图 1-8 所示。

◉ 【查找】按钮🔍：该按钮用于按照【名称】【标签】【注释】【标记】或【出入点】等在【项目】窗口中定位素材，就如同在 Windows 的文件系统中搜索文件一样。单击该按钮将打开如图 1-9 所示的对话框。

其中，【列】用于选择查找的关键字段，可以是【名称】【标签】【媒体类型】和【视频入点】等，其下拉列表如图 1-10 所示。

【运算符】用于选择运算符，可以是【包含】等，其下拉列表如图 1-11 所示。

图 1-7　【项目】窗口

图 1-8　【序列自动化】对话框

图 1-9　【查找】对话框

图 1-10　【列】下拉列表

图 1-11　【运算符】下拉列表

【查找目标】用于输入关键字。

【匹配】用于选择逻辑关系，可以是【全部】。

【区分大小写】用于选择是否和大小写相关。

在这些项目都选择或者填写完毕后，单击【查找】按钮就可以进行定位。

◎ 【新建素材箱】按钮█：该按钮用于在当前素材管理路径下新建一个存放素材的文件夹，可以手动输入文件夹的名称。

◎ 【新建项】按钮█：该按钮用于在当前文件夹创建一个新的序列、脱机文件、字幕、彩色、黑场视频、通用倒计时片头等。

◎ 【清除】按钮█：该按钮用于将素材从【项目】窗口中清除。

1.3.2 【监视器】窗口

在【监视器】窗口(如图 1-12 所示)中，可以进行素材的精细调整，如进行色彩校正和剪辑素材。默认的【监视器】窗口由两个窗口组成，右边是【节目】窗口，用于对【时间线】窗口中的不同序列内容进行编辑和浏览；左边是【源】窗口，用于播放原始素材。在【源】窗口中，素材的名称显示在左上方的标签页上，单击该素材名称右边的█按钮，可以显示当前已经加载的所有素材，可以从中选择素材并在【源】窗口中进行预览和编辑。此外，单击窗口或面板的█按钮，通常会显示【浮动面板】【关闭面板】【关闭组中的其他面板】【关闭】和【全部关闭】等选项。

图 1-12 【监视器】窗口

在【源】窗口和【节目】窗口的下方，都有一系列按钮，两个窗口中的这些按钮基本相同，它们用于控制窗口的显示，并完成预览和剪辑的功能。

单击【源】窗口右下方的扳手按钮█，可以出现一个菜单，如图 1-13 所示。单击【节目】窗口右下方的扳手按钮█，也可以出现一个基本相同的菜单。部分菜单命令的功能如下。

◎ 【合成视频】【音频波形】和 Alpha：这三项只能选择其中一项，表示当前在窗口中如何显示素材或者节目。

◎ 【循环】：循环播放。

◎ 【显示音频时间单位】：时间单位采用基于音频的单位。

◎ 【安全边距】：电视机在播放时通常会放大视频并把超出屏幕边缘的部分剪掉，这称为过扫描。

图 1-13 窗口操作菜单

过扫描的量并不是固定的，因而用户需要将视频图像中一些重要的情节和字幕放在称为安全框的范围内。用户可以通过选择该项来观察监视器中【源】窗口或【节目】窗口的安全框。选择该项后，在窗口中会出现两个矩形框，里面一个框表示字幕素材的安全区域，外面一个框表示视频图像的安全区域。

以上这些命令基本上都能在【源】窗口下部找到对应的按钮。而关于这些命令的功能，将在后面进行具体的介绍。

【源】窗口在同一时刻只能显示一个单独的素材，如果将【项目】窗口中的全部或部分素材都加入其中，可以在【项目】窗口中选中这些素材，直接使用鼠标拖动到【源】窗口中即可。在【源】窗口的标题栏上单击下拉按钮，可以选择需要显示的素材。

【节目】窗口每次只能显示一个单独序列的节目内容，如果要切换显示的内容，可以在节目窗口的左上方标签页中选择所需要显示内容的序列。在【监视器】窗口中，【源】窗口和【节目】窗口都有相应的控制工具按钮，而且两个窗口的按钮基本上类似，都可进行预览、剪辑等操作。

窗口左上方的数字表示当前标尺所在的时间位置，右上方的数字表示在相应窗口中使用入点、出点剪辑的片段的长度(如果当前未用入点、出点标记，则表示整个素材或者节目的长度)。各按钮的功能如下。

- ◉ 【标记入点】：单击该按钮，对【源】或者【节目】设置入点，用于剪辑。在当前位置指定入点，时间指示器在相应位置出现，该按钮对应的快捷键是 I。
- ◉ 【标记出点】：单击该按钮，对【源】或者【节目】设置出点，在入点和出点之间的片段，将被用于插入(或者抽出)时间线。在当前位置指定出点，时间指示器在相应位置出现。该按钮对应的快捷键是 O。
- ◉ 【清除入点】：单击该按钮，可以清除已经设置的入点。该按钮对应的快捷键为 Ctrl+Shift+I。
- ◉ 【清除出点】：单击该按钮，可以清除已经设置的出点。该按钮对应的快捷键为 Ctrl+Shift+O。
- ◉ 【添加标记】：标记类似于现实中的"书签"，让编辑人员能够快速定位到标记的位置，其快捷键为 M。在 Premiere Pro CC 2018 中，可以为标记添加颜色、标记说明。
- ◉ 【转到上一标记】：单击该按钮，编辑位置跳转到前一标记点。该按钮的快捷键为 Ctrl+Shift+M。
- ◉ 【转到上一编辑点】：单击该按钮，将编辑线快速移动到前一个需要编辑的位置。该按钮只在【节目】窗口中有，其对应的快捷键是【上箭头】。
- ◉ 【后退一帧】：每单击一次该按钮，编辑线就回退一帧。该按钮对应的快捷键是【左箭头】。
- ◉ 【播放-停止切换】：该按钮控制【源】窗口和【节目】窗口中视频的播放和暂停，快捷键是【空格键】。
- ◉ 【前进一帧】：每单击一次该按钮，编辑线就前进一帧。该按钮对应的快捷键是【右箭头】。
- ◉ 【转到下一标记】：单击该按钮，跳转到下一个标记点，该按钮的快捷键为 Shift+M。
- ◉ 【转到下一编辑点】：单击该按钮，将编辑线快速移动到后一个需要编辑的位置。该按钮只在【节目】窗口中有，其对应的快捷键是【下箭头】。

- 【循环】 ：单击该按钮，选中循环播放模式，在【源】窗口播放的素材或者【节目】窗口播放的节目进行循环播放。再次单击该按钮，可取消循环播放模式。
- 【安全边距】 ：单击该按钮，会选中安全边框模式，在播放窗口中会出现安全边框。再次单击该按钮，可取消安全边框的显示。
- 【转到入点】 ：单击该按钮，编辑线快速跳转到设置的入点。该按钮对应的快捷键是 Shift+I。
- 【转到出点】 ：单击该按钮，编辑线快速跳转到设置的出点。该按钮对应的快捷键是 Shift+O。
- 【从入点到出点播放视频】 ：单击该按钮，将播放从入点到出点的素材片段或者节目片段。按下 Alt 键，该按钮将变成【循环播放】 。
- 【插入】 ：将当前【源】窗口中的素材从入点到出点的片段插入到【时间线】窗口，处于编辑线后的素材均会向右移。如编辑线所处位置处于目标轨道中的素材上，那么会将原素材分为两段，新素材直接插入其中，原素材的后半部分将会紧接着所插入的素材。该按钮对应的快捷键是逗号","。该按钮为【源】窗口所特有。
- 【提升】 ：可以在【时间线】窗口中指定的轨道上，将当前由入点和出点确定的片段从编辑轨道中抽出，与之相邻的片段不会改变位置。快捷键是分号";"。该按钮为【节目】窗口所特有。
- 【覆盖】 ：将【源】窗口中由入点和出点确定的素材片段插入到当前【时间线】的编辑线处，其他片段与之在时间上重叠的部分都会被覆盖。若编辑线处于目标轨道中的素材上，那么加入的新素材将会覆盖原素材，凡是处于新素材长度范围内的原素材都将被覆盖。该按钮对应的快捷键是半角的句号"."。该按钮为【源】窗口所特有。
- 【提取】 ：将【时间线】窗口中由入点和出点确定的节目片段抽走，其后的片段前移，填补空缺，而且对于其他未锁定轨道上位于该选择范围内的素材，也同样进行删除。该按钮对应的快捷键是单引号"'"。该按钮为【节目】窗口所特有。
- 【导出帧】 ：单击该按钮，将弹出【导出帧】窗口，将视频文件以图片序列的方式导出。
- 【播放邻近区域】 ：该按钮用于预览当前帧附近的视频。
- 【隐藏字幕显示】 ：该按钮可以使字幕隐藏。
- 【还原剪裁会话】 ：使剪辑点恢复到原始位置。
- 【切换多机位视图】 ：能很好地同步多机位拍摄的视频，极大地提高剪辑效率，该按钮对应的快捷键为 Shift+D。
- 【多机位录制开关】 ：同样应用于多机位剪辑中，开启后可以录制编辑好的多机位视频，开启的快捷键为 D。
- 【切换代理】 ：切换代理主要是因为原素材太大，比如 4K 的视频素材，在电脑配置不高的情况下，直接在原素材上编辑时会很卡顿，导致无法操作，这时就要使用切换代理来提高我们的工作效率。
- 【切换 VR 视频显示】 ：此按钮用于 VR 视频剪辑的场景中。
- 【全局 fx 静音】 ：可以关闭用到的特效，方便查看特效使用前后的对比。
- 【贴靠图形】 ：主要用于图形排列，使两个图形紧密贴合。

以上这些按钮可以通过单击监视器右下角的加号展开，然后用鼠标拖曳到监视器的下方。

此外，在【时间线】窗口中，有一个用于指示时间的标尺 ■，移动它可以方便地预览素材，一般用来快速定位编辑点。

1.3.3 【时间线】窗口

在 Premiere Pro CC 2018 中，【时间线】窗口是非线性编辑器的核心窗口。在【时间线】窗口中，从左到右以节目播放时的次序显示该节目中的所有素材，视频、音频素材中的大部分编辑合成工作和特技制作都是在该窗口中完成的。【时间线】窗口如图 1-14 所示。

图 1-14　【时间线】窗口

- 视频轨道(可以有多个视频轨道，如视频 1，视频 2 等)。
- 音频轨道(可以同时有多个音频轨道，如音频 1，音频 2 等，在最后还有一个主混合轨道)。
- 【切换轨道输出】 ■：选择是否将对应轨道视频输出。
- 【静音轨道】 ■：选择是否将对应音频轨道静音。
- 【显示关键帧】 ■：用于选择是否需要显示关键帧。
- 【切换同步锁定】 ■：用于对相应的轨道进行锁定。
- 播放指示器位置 00:00:00:00：显示编辑线在标尺上的时间位置。
- 【对齐】 ■：用于将素材的边缘对齐。
- 【添加标记】 ■：用于设置一个无编号的标记。
- 编辑线 ▋：用于确定当前编辑的位置。

1.3.4 【效果】面板

在默认的工作区中，【效果】面板通常位于程序界面的左下角。如果没有看到，可以选择【窗口】|【效果】命令，打开该面板，如图 1-15 所示。

在【效果】面板中，放置了 Premiere Pro CC 2018 中所有的视频和音频的特效和转场切换效果。通过这些效果，可以从视觉和听觉上改变素材的特性。单击【效果】面板右上方的 ■ 按钮，打开【效果】面板的菜单，如图 1-16 所示。其中部分选项的功能如下。

- 【新建自定义素材箱】：手动建立文件夹，可以把一些自己常用的效果拖放到该文件夹中，这样使得效果管理起来更加方便，使用起来也更加简单。
- 【新建预设素材箱】：在【预设】文件夹中手动建立文件夹，可以把一些自己常用的效果设置保存到该文件夹中，这样使用起来也更加简单。

◎ 【删除自定义项目】：此命令用于删除手动建立的文件夹。

图 1-15 【效果】面板

图 1-16 【效果】面板菜单

◎ 【将所选过渡设置为默认过渡】：此命令用于设置选择的切换效果为默认的过渡特效。

◎ 【设置默认过渡持续时间】：此命令将打开系统设置文件夹，可以设置默认过渡特效的持续时间。

在【效果】面板上部的【搜索】文本框 中输入关键字，可以快速定位效果的位置。例如，输入"闪"，那么很快就可以找到在名称中包含"闪"的特效，如【闪电】。值得注意的是，Premiere Pro CC 2018 不支持中英文同时搜索。

【效果】面板右下方的【新建自定义素材箱】按钮用于新建自定义文件夹；【删除】按钮用于删除新建立的自定义文件夹。关于这些视频/音频特效、视频/音频过渡的详细含义和用法，将在后面章节中详细介绍。

1.3.5 【效果控件】面板

【效果控件】面板显示了【时间线】窗口中选中的素材所采用的一系列特技效果，可以方便地对各种特技效果进行具体设置，以达到更好的效果，如图 1-17 所示。

在 Premiere Pro CC 2018 中，【效果控件】面板的功能更加丰富和完善，增设了【时间重映射】为固定效果。【运动】(Motion)特效和【不透明度】(Opacity)特效的效果设置，基本上都在【效果控件】面板中完成。在该面板中，可以使用基于关键帧的技术来设置【运动】效果和【不透明度】效果，还能够进行过渡效果的设置。

图 1-17 【效果控件】面板

【效果控件】面板的左边用于显示和设置各种特效，右边用于显示【时间线】窗口中选定素材所在的轨道或者选定过渡特效相关的轨道。

面板下方还有一些控制用的按钮和滑动条。

◎ 最左边的数字 00:00:00:00 ：用于显示当前编辑线在时间标尺上的位置。

- ◉ 【仅播放该剪辑的音频】按钮▶️：只播放当前素材的音频。
- ◉ 【切换音频循环回放】按钮🔁：固定音频循环播放。

1.3.6 【音轨混合器】面板

在 Premiere Pro CC 2018 中，可以对声音的大小和音阶进行调整。调整的位置既可以在【效果控件】面板中，也可以在【音轨混合器】面板中，【音轨混合器】面板在 Premiere Pro CC 2018 之前的软件版本中称为【调音台】。【音轨混合器】面板如图 1-18 所示。

【音轨混合器】面板是 Premiere 一个非常方便好用的工具。在该面板中，可以方便地调节每个轨道声音的音量、均衡/摇摆等。Premiere Pro CC 2018 支持 5.1 环绕立体声，所以，在【音轨混合器】面板中，还可以进行环绕立体声的调节。

在默认音频轨道中，【音频 1】【音频 2】和【音频 3】都是普通的立体声轨道，【主声道】是主控制轨道。执行【窗口】|【音轨混合器】命令，就会弹出【音轨混合器】面板。

在【音轨混合器】面板中，对每个轨道都可以进行单独的控制。在默认情况下，每个轨道都默认

图 1-18　【音轨混合器】面板

使用【主声道】轨道进行总的控制。可以在【音轨混合器】面板的下方列表框中进行选择。在 Premiere Pro CC 2018 中，可以使用音频子混合轨道(可以通过【添加轨道】命令建立)对某些音轨单独进行控制。例如，将【音频 3】轨道改成由【子混合 1】轨道控制。由于【子混合 1】是环绕立体声轨道，因此对【音频 3】的均衡/摇摆的控制面板就改变为新的形状。在【音轨混合器】面板中，还可以设置【静音/单独演奏】的播放效果。

1.3.7 【工具栏】面板

【工具栏】面板中的工具为用户编辑素材提供了足够用的功能，如图 1-19 所示。

- ◉ 【选择工具】▶️：使用该工具可以选择或移动素材，并可以调节素材关键帧、为素材设置入点和出点。当光标变为 时，可以向右或向左缩短(或拉长)素材，快捷键是 V。在该方式下，还可以进行范围选择。在【时间线】窗口中，一直按下鼠标左键，然后拖动，鼠标将圈定一个矩形，在矩形范围内的素材将全部被选中。

图 1-19　【工具栏】面板

- ◉ 【轨道选择工具】、：长按该图标，就可以选择【向前选择轨道工具】或【向后选择轨道工具】，该工具选择单个轨道上从第一个被选择的素材开始到该轨道结尾处的所有素材。将光标移动到轨道上有素材的位置，光标变为单

箭头形状时，单击即可完成轨道选择。如果同时按住 Shift 键，光标的形状将变为双箭头，此时就可以进行多轨道的选择，可选择【时间线】窗口中所有被选择素材之后的素材。【向前选择轨道工具】的快捷键是 A，【向后选择轨道工具】的快捷键是 Shift+A。

- 【波纹编辑工具】：长按该图标，可以选择【滚动编辑工具】或【比率拉伸工具】。该工具用于调整一个素材的长度，不影响轨道上其他素材的长度。选择该工具后，在能够使用该工具的位置，光标的形状是；而在无法使用该工具的位置，光标的形状是。使用该工具时，将光标移动到需要调整的素材的边缘，然后按下鼠标左键，向左或向右拖动鼠标，整个素材的长度将发生相应的改变，而与该素材相邻的素材的长度并不会改变。该工具的快捷键是 B。为了适应各素材之间的过渡关系，其他相邻素材的位置有所变化，但其长度都没变化。

- 【滚动编辑工具】：该工具用来调节某个素材及其相邻素材的长度，以保持两个素材和其后所有素材的长度不变。在能够使用该工具的位置，光标的形状是；而在无法使用该工具的位置，光标的形状是。使用该工具时，将鼠标移动到需要调整的素材的边缘，然后按下鼠标左键，向左或者向右拖动鼠标。如果某个素材增加了一定的长度，那么相邻的素材就会减小相应的长度。该工具的快捷键是 N。把两段素材放在一起，使用该工具在两个素材之间调整后，整体的长度不变，只是一段素材的长度变长，另一段素材的长度变短。

- 【比率拉伸工具】：使用该工具可以调整素材的播放速度。使用该工具时，将鼠标移动到需要调整的素材边缘，拖动鼠标，选定素材的播放速度将会随之改变(只要有足够的空间)。拉长整个素材会减慢播放速度，反之，则会加快播放速度。该工具的快捷键是 R。

- 【剃刀工具】：该工具将一个素材切成两个或多个分离的素材。使用时，将光标移动到素材的分离点处单击，原素材即被分离。该工具的快捷键是 C。如果同时按住 Shift 键，此时为多重剃刀工具。使用该工具，可以将分离位置处所有轨道(除锁定的轨道外)上的素材进行分离。

- 【错落工具】：该工具用来改变前一素材的出点和后一素材的入点，保持选定素材的长度不变。使用该工具时，将光标移动到需要调整的素材上，按住鼠标左键，然后拖动鼠标，素材的出点和入点也将随之变化，其他素材的出点和入点不变。该工具的快捷键是 Y。

- 【滑动工具】、：分别表示【外滑工具】和【内滑工具】，长按图标可以进行两者的选择切换，该工具用来改变素材的入点和出点，但不影响【时间线】窗口中的其他素材。使用该工具时，把鼠标移动到需要改变的素材上，按下鼠标左键，然后拖动鼠标，前一素材的出点、后一素材的入点以及拖动的素材在整个项目中的入点和出点位置将随之改变，而被拖动的素材的长度和整个项目的长度不变。【外滑工具】的快捷键是 Y，【内滑工具】的快捷键为 U。

- 【钢笔工具】：长按此图标可以选择【矩形工具】或【椭圆工具】，该工具可通过添加锚点的方式在【节目】监视器窗口中绘制自由形状。

- 【矩形工具】：在【节目】监视器窗口中画出一个矩形。

- 【椭圆工具】：在【节目】监视器窗口中画出一个椭圆。

- 【手形工具】：长按此图标可以选择【缩放工具】，该工具用来滚动【时间线】窗口中的内容，以便于编辑一些较长的素材。使用该工具时，将鼠标移动到【时间线】窗口，然后按住鼠标左键并拖动，可以滚动【时间线】窗口到需要编辑的位置。该工具的快捷键是 H。

- ⦿ 【缩放工具】：该工具用来调节片段显示的时间间隔。使用放大工具可以缩小时间单位，使用缩小工具(按住Alt键)可以放大时间单位。该工具可以画方框，然后将方框选定的素材充满【时间线】窗口，时间单位也发生相应的变化。该工具的快捷键是Z。
- ⦿ 【文本工具】T：长按此图标可以选择【垂直文本工具】T，该工具可以在【节目】窗口中直接添加文字，单击【窗口】|【基本图形】|【编辑】命令，打开【基本图形】编辑面板，对文字设置各项参数。该工具的快捷键为 T。关于使用【文本工具】制作字幕的操作，将在后续章节中详细介绍。

1.3.8 【信息】面板

【信息】面板显示了所选剪辑或过渡的一些信息，如图 1-20 所示。该面板中显示的信息随媒体类型和当前活动窗口等因素而不断变化。如果素材在【项目】窗口中，那么【信息】面板将显示选定素材的名称、类型(视频、音频或者图像等)、长度等信息。同时，素材的媒体类型不同，显示的信息也有差异。

图 1-20 【信息】面板

1.3.9 【历史记录】面板

【历史记录】面板与 Adobe 公司其他产品中的【历史记录】面板一样，记录了从打开 Premiere Pro CC 2018 后的所有操作命令，如图 1-21 所示。其最多可以记录 100 个操作步骤。

用户可以在该面板中查看以前的操作，并且可以回退到先前的任意状态。例如，在【时间线】窗口中加入了一个素材，手动调整了素材的持续时间，对该素材使用了特技，进行复制、移动等操作，这些步骤都会记录在【历史记录】面板中。如果要回

图 1-21 【历史记录】面板

退到加入素材前的状态，只需要在【历史记录】面板中找到加入素材对应的命令，用鼠标左键单击即可。

有关【历史记录】面板的使用，有以下规定。

- ⦿ 一旦关闭并重新打开项目，先前的编辑步骤将不能再从【历史记录】面板中得到。
- ⦿ 打开一个字幕窗口，在该窗口中产生的步骤不会出现在【历史记录】面板中。
- ⦿ 最初的步骤显示在列表的顶部，而最新的步骤则显示在底部。

- ◉ 列表中显示的每个步骤也包括了改变项目时所用的工具或命令名称及代表它们的图标。某些操作会为受它影响的每个窗口产生一个步骤信息，这些步骤是相连的，Premiere 将它们作为一个单独的步骤对待。
- ◉ 选择一个步骤将使其下面的所有步骤灰显，表示如果从该步骤重新开始编辑，下面列出的所有步骤都将被删除。
- ◉ 选择一个步骤后再改变项目，将删除选定步骤之后的所有步骤。

要在【历史记录】面板中上下移动，可拖动面板上的滚动条或者从【历史记录】面板菜单中选择【后退】或【前进】命令。

要删除一个项目步骤，应先选择该步骤，然后从【历史记录】面板菜单中选择【删除】命令并在弹出的确认对话框中单击【确定】按钮。

要清除【历史记录】面板中的所有步骤，可以从【历史记录】面板菜单中选择【清除历史记录】命令。

要对历史记录状态进行设置，可以从【历史记录】面板菜单中选择【设置】命令，或单击鼠标右键，选择【设置】命令，输入历史记录状态数值(最大数值为100)，此数字为想要撤销的步数，单击【确定】按钮。

任务 4　了解 Premiere Pro CC 2018 的菜单命令

Premiere Pro CC 2018 一共有 8 个下拉式菜单命令，下面分别进行详细介绍。菜单如图 1-22 所示。

文件(F)　编辑(E)　剪辑(C)　序列(S)　标记(M)　图形(G)　窗口(W)　帮助(H)

图 1-22　Premiere Pro CC 2018 的菜单

1.4.1　【文件】菜单

【文件】菜单主要用于打开或存储文件(或项目)等操作，如图 1-23 所示。

1．【新建】命令

此命令用来新建项目、序列和字幕等。将鼠标移至【新建】命令，弹出的下拉菜单如图 1-24 所示。各选项的功能如下。

- ◉ 【项目】：新建项目用于组织和管理项目所使用的源素材和合成序列。此命令用来建立一个新的项目，其快捷键是 Ctrl+N。项目是一个 Premiere 电影作品的蓝本，它相当于电影或者电视制作中的分镜头剧本，是一个 Premiere 影视剧的分镜头剧本。一个项目主要由视频文件、音频文件、动画文件、影视格式文件、静态图像、序列静态图像和字幕文件等素材文件组成。

图 1-23　【文件】菜单

图 1-24　【新建】命令下的子菜单

- 【团队项目】：团队项目是一种可替代应用程序特定项目文件(例如 .prproj 或 .aep 文件)的多用户、多应用程序服务。多个用户可以同时在一个团队项目中工作。当协作者打开一个团队项目时，团队项目服务会自动为用户"克隆"团队项目的当前状态，并在一个私人会话中打开它。该功能作为 Creative Cloud 订阅的额外服务提供，登录 Adobe 账号后可以共享项目并邀请他人共同编辑。
- 【序列】：新建序列用于编辑和加工素材。此命令用于创建一个新的序列，序列拥有独立的时间标尺，可以在一个序列中进行电影文件的编辑。一个序列可以作为另外一个序列的素材，序列之间可以相互嵌套。一个序列中，可以有多条音频和视频轨道，而作为其他序列的素材，只相当于一条音频轨道和一条视频轨道，这样就极大地方便了复杂项目的编辑。
- 【素材箱】：在【项目】面板中新建一个文件夹，可存储【项目】面板中的各种素材，便于素材整理。
- 【已共享项目】：表示已经共享的团队项目。
- 【脱机文件】：在打开节目时，Premiere Pro CC 2018 可以自动为找不到的素材创建脱机文件；也可以在编辑节目的过程中新建脱机文件，作为一个尚未存在的素材的替代品。
- 【旧版标题】：以旧版本的形式新建字幕。
- 【字幕】：新建字幕，激活【字幕编辑器】面板。
- 【Photoshop 文件】：新建一个匹配项目帧尺寸和纵横比的 Photoshop 文件。
- 【彩条】：新建标准彩条图像文件。
- 【黑场视频】：新建黑场视频文件。
- 【颜色遮罩】：新建颜色遮罩文件。
- 【HD 彩条】：新建 HD 彩条文件。

◉ 【通用倒计时片头】：新建一个通用倒计时
片头文件，弹出如图 1-25 所示的【新建通用
倒计时片头】对话框，可以根据需要对其进
行设置。

◉ 【透明视频】：新建一个透明视频。

2. 【打开项目】命令

此命令用来打开一个已有的项目文件，快捷键是
Ctrl+O。

图 1-25　【新建通用倒计时片头】对话框

3. 【打开团队项目】命令

此命令用来打开一个已有的团队项目文件。

4. 【打开最近使用的内容】命令

此命令打开最近被打开的项目。将鼠标移至该菜单，会弹出最近被打开的项目的列表。

5. 【转换 Premiere Clip 项目】命令

Adobe Premiere Clip 是一款功能强大的图片处理和视频编辑软件，可视为 Premiere 在移动终
端的版本，当前已支持 iOS 和 Android 系统，用户可以在手机上使用 Premiere Clip 轻松处理视频，
制作出满意的视频作品。使用【转换 Premiere Clip 项目】命令可以将移动端的 Premiere Clip 项目
转换为 PC 端的 Premiere Pro CC 2018 项目并进行剪辑。

6. 【关闭项目】命令

此命令用来关闭当前打开的文件或者项目，快捷键为 Ctrl+Shift+W。

7. 【关闭】命令

此命令用来关闭当前编辑的窗口，快捷键为 Ctrl+W。

8. 【关闭所有项目】命令

此命令用来关闭当前编辑和打开的所有项目和文件。

9. 【刷新所有项目】命令

此命令用来刷新当前编辑和打开的所有项目和文件。

10. 【保存】命令

此命令用来保存当前编辑的窗口，保存为相应的文件，快捷键为 Ctrl+S。

11. 【另存为】命令

此命令用来将当前编辑的窗口保存为另外的文件，快捷键为 Ctrl+Shift+S。

12．【保存副本】命令

此命令用来保存当前项目的副本文件，快捷键为 Ctrl+Alt+S。

13．【还原】命令

将最近一次编辑的文件或者项目恢复原状。

14．【同步设置】命令

用于 Adobe ID 账户在不同机器上对项目进行同步。

15．【捕捉】命令

此命令将打开【采集】窗口，用于采集视频或音频，快捷键为 F5。

16．【批量捕捉】命令

此命令用于批量采集视频或音频，快捷键为 F6。

17．【链接媒体】命令

此命令用于打开项目出现素材丢失时找回丢失的文件。

18．【设为脱机】命令

应用此命令后，序列中的素材会出现丢失的情况。

19. Adobe Dynamic Link 命令

新建或者导入 Adobe After Effects 合成，此功能必须是系统中已安装了 Adobe Production Premium CC 才能使用。

20. Adobe Story 命令

Adobe Story 是 Adobe 公司开发的合作脚本开发工具。它可以用来加速创作剧本和使它们转变为最终媒体的过程。

21．【从媒体浏览器导入】命令

此命令用来从媒体浏览器中导入素材文件，快捷键为 Ctrl+Alt+I。

22．【导入】命令

此命令用于为当前项目输入所需要的素材文件(包括视频、音频、图像和动画等)，选择该命令后，系统将弹出【导入】对话框，快捷键为 Ctrl+I。

23．【导入最近使用的文件】命令

此命令用于导入最近使用的文件。

24．【导出】命令

此命令用来输出当前制作的电影片段。从该菜单的下一级菜单中可以看出，可以把【时间线】

面板中选定序列的工作区域导出为影片、单帧、音频和字幕,可以输出到磁带,或者输出到 Encore,或者输出到 EDL,也可以使用 Adobe Media Encoder,以其他多种视频格式输出。

25. 【获取属性】命令

此命令用来获取文件的属性或者选择内容的属性。此命令的下级菜单如图 1-26 所示。各选项的功能如下。

图 1-26 【获取属性】子菜单

- ◉ 【文件】:系统将让用户选择文件,在选定文件后,系统将对选定的文件进行分析,然后输出分析的结果。
- ◉ 【选择】:此命令将显示【项目】窗口或者【时间线】窗口中所选素材的属性。

26. 【项目设置】命令

对项目的渲染方式、存盘位置等进行设置。

27. 【项目管理】命令

用于对项目进行打包,以方便在不同机器上进行编辑。

28. 【退出】命令

此命令用来退出 Premiere Pro CC 2018 的系统界面,快捷键为 Ctrl+Q。

1.4.2 【编辑】菜单

【编辑】菜单提供了常用的编辑命令,如撤销、重做、复制文件等操作,该菜单如图 1-27 所示。

1. 【撤销】命令

此命令用来取消上一步操作。

2. 【重做】命令

此命令用来恢复被撤销的上一步操作。

3. 【剪切】命令

此命令用来剪切选中的内容,然后将其粘贴到其他地方。

4. 【复制】命令

此命令用来复制选中的内容,然后将其粘贴到其他地方。

5. 【粘贴】命令

此命令用来把刚刚复制或者剪切的内容粘贴到相应的地方。

图 1-27 【编辑】菜单

6.【粘贴插入】命令

此命令用来把刚刚复制或者剪切的内容粘贴到合适的位置。

7.【粘贴属性】命令

此命令通过复制和粘贴操作将用于片段的效果、不透明度、运动等属性粘贴到另外的片段。

8.【删除属性】命令

此命令用来删除片段中的属性。

9.【清除】命令

此命令用来清除所选中的内容。

10.【波纹删除】命令

此命令用来删除【时间线】窗口中选定的素材和空隙，其他未锁定的剪辑片段会移动过来填补空隙。

11.【重复】命令

此命令用来制作片段的副本。

12.【全选】命令

此命令用来选定当前窗口中的全部内容。

13.【取消全选】命令

此命令用来取消刚刚全部选定的内容。

14.【查找】命令

此命令用来在【项目】窗口中查找定位素材。

15.【标签】命令

此命令用于改变素材在【项目】窗口中列表显示时标签的值或者改变在【时间线】窗口中显示的颜色。此命令的下级菜单如图 1-28 所示。各选项的功能如下。

- ◉ 【紫色】：素材的标签显示为紫色。
- ◉ 【鸢尾花色】：素材的标签显示为蓝紫色。
- ◉ 【加勒比海蓝色】：素材的标签显示为蓝色。
- ◉ 【淡紫色】：素材的标签显示为淡紫色。
- ◉ 【天蓝色】：素材的标签显示为天蓝色。
- ◉ 【森林绿色】：素材的标签显示为绿色。
- ◉ 【玫瑰红】：素材的标签显示为粉红色。
- ◉ 【芒果黄色】：素材的标签显示为芒果黄色。
- ◉ 【深青色】：素材的标签显示为深青色。

图 1-28　标签子菜单

- ◉ 【洋红色】：素材的标签显示为洋红色。
- ◉ 【棕黄色】：素材的标签显示为棕黄色。

16．【编辑原始】命令

此命令用来将编辑进行初始化，打开产生素材的应用程序。

17．【在 Adobe Audition 中编辑】命令

转到 Adobe Audition 中编辑和混合所选音频。

18．【在 Adobe Photoshop 中编辑】命令

转到 Adobe Photoshop 中编辑所选图片。

19．【团队项目】命令

将项目转为团队项目进行剪辑，其下级命令如图 1-29 所示。

20．【快捷键】命令

此命令用于对 Premiere Pro CC 2018 系统的快捷键进行设置。手动设置快捷键可以改变系统中所有的快捷键，使之变成用户所希望的方式，这样更利于用户在 Premiere Pro CC 2018 中进行编辑操作。

21．【首选项】命令

此命令用来进行编辑参数的选择，进行各种参数的设置。此命令的下级菜单如图 1-30 所示。关于参数的具体设置将在后面章节中详细介绍。

图 1-29　团队项目子菜单

图 1-30　参数子菜单

1.4.3　【剪辑】菜单

【剪辑】菜单是 Premiere Pro CC 2018 中最为重要的菜单，剪辑影片的大多数命令都包含在这个菜单中，如图 1-31 所示，各选项的功能如下。

1．【重命名】命令

此命令用于改变【项目】窗口或【时间线】窗口中素材的名称。此命令的快捷键是 Ctrl+N。

2．【制作子剪辑】命令

此命令用于为【源】窗口的素材设置出入点，创建附加素材并命名后会出现在【项目】窗口中。以不同于原素材的绿底图标标记。

3．【编辑子剪辑】命令

此命令用于重新设置附加素材的入点和出点。

4．【编辑脱机】命令

此命令用于对文件进行脱机管理。

5．【源设置】命令

此命令用于对源素材进行管理。

图 1-31 【剪辑】菜单

6．【捕捉设置】命令

此命令用于对采集视频或音频的属性进行设置。

7．【插入】命令

此命令用来将素材插入到【时间线】窗口中当前编辑线所指示的位置处。

8．【覆盖】命令

此命令用新素材来覆盖【时间线】窗口中当前编辑线所指示的位置的素材。

9．【替换素材】命令

此命令用来替换【项目】窗口中选中的素材。

10．【替换为剪辑】命令

如果时间线上的某个素材不合适，使用此命令可以完成用另外的素材来替换该素材的操作。其子菜单如图 1-32 所示。各选项的功能如下。

| 从源监视器(S) |
| 从源监视器，匹配帧(M) |
| 从素材箱(B) |

图 1-32 【替换为剪辑】子菜单

- ⊙ 【从源监视器】：用【源】监视器中当前显示的素材来完成替换，时间上是按照入点来进行匹配的。

- ⊙ 【从源监视器，匹配帧】：这个方式也是用【源】监视器中当前显示的素材来完成替换，但是时间上是以当前时间指示(即【源】监视器中的蓝色图标，时间线中的红线)来进行帧匹配，忽略入点。

◉ 【从素材箱】：使用【项目】窗口中当前被选中的素材来完成替换(每次只能选一个)。

11. 【启用】命令

此命令用来激活时间线上的素材，然后进行下一步操作。如果没有激活，那么在【时间线】窗口中素材的名称将以灰色显示，而且素材不被包含在影片中。

12. 【链接】命令

此命令用来链接音频和视频。

13. 【编组】命令

此命令用来把选定的多个素材设成一个组，进行拖动、删除等操作时，一个组的动作都是一致的。此命令的快捷键是 Ctrl+G。

14. 【取消编组】命令

此命令用来把一个组内的多个素材重新打开，避免进行拖动、删除等操作时产生一致的动作。此命令的快捷键是 Ctrl+Shift+G。这种组的关系和一个素材的视频与音频之间的链接关系是不一样的，一个素材在插入【时间线】窗口时，产生的视频和音频是有链接关系的，只要没有解除链接，那么进行分段(如用【剃刀】工具)等操作时，视频和音频都将被分段；然而，如果把该视频与音频解除链接，然后再编组，虽然在用鼠标拖动素材时，音频和视频是同时被移动的，但是如果用【剃刀】工具进行了分段，视频和音频是不会同时产生作用的。

15. 【同步】命令

此命令用来将选择不同轨道的片段根据选择的入点、出点、时间码、已编号素材标记等方式对齐。

16. 【嵌套】命令

此命令用来将两个或多个视音频文件组合成一个整体文件。

17. 【多机位】命令

此命令用来对嵌套序列应用多机位编辑，如图 1-33 所示。

图 1-33 【多机位】窗口

18.【视频选项】命令

此命令用来设置素材视频的各种参数。该命令的子菜单如图 1-34 所示。各选项的功能如下。

图 1-34　【视频选项】子菜单

- ◉ 【帧定格选项】：用于选择一个素材中的入点、出点或 0 标记点的帧画面，然后在整个素材的延时内，都显示该帧画面。

- ◉ 【添加帧定格】：用于对播放中的视频突然定格，定位到某一帧后单击该命令，后边的内容将变为冻结帧。

- ◉ 【插入帧定格分段】：帧定格某一段后视频能够继续播放。

- ◉ 【场选项】：用于视频素材的场选项设置。

- ◉ 【时间插值】：用于解决对视频进行变速后，播放不够平滑的问题。时间插值中的"帧采样""帧混合""光流法"由于计算方式的区别会对效果和渲染速度产生影响。针对不同速度的视频可灵活运用。

- ◉ 【缩放为帧大小】：用于自动将序列中的素材缩放为序列设置的帧大小。

- ◉ 【设为帧大小】：智能地将序列中的素材设置为序列设置的帧大小。【缩放为帧大小】和【设为帧大小】在素材分辨率小于或等于序列设置的帧分辨率时可以通用，但当素材分辨率大于序列设置的帧分辨率时会有所不同，例如，将 4K 分辨率的素材导入 1080P 分辨率的序列时，应用【缩放为帧大小】则素材会从 4K 分辨率压缩至 1080P，这会造成素材的细节损失，而应用【设为帧大小】则不会出现素材的细节损失。

19.【音频选项】命令

此命令用来设置素材音频的各种参数。该命令的子菜单如图 1-35 所示。各选项的功能如下。

图 1-35　【音频选项】子菜单

- ◉ 【音频增益】：此命令用于设置音频的增益，由此来控制音频的大小，设置对话框中 0dB(分贝)表示使用原音频素材的音量。

- ◉ 【拆分为单声道】：此命令将把音频设为单声道。

- ◉ 【提取音频】：此命令从所选中的音频中提取出大小、增益等参数信息。

20.【速度/持续时间】命令

此命令用来显示或者修改素材的持续时间和播放速度，快捷键为 Ctrl+R。执行此命令，打开的对话框如图 1-36 所示。各选项的功能如下。

- ◉ 【速度】：用于设置播放的速度。设置的速度如果大于 100%，为快进；如果小于 100%，则为慢镜头。

- ◉ 【持续时间】：用来设置素材的延时，按照【小时：分钟：秒：帧】的格式设置。

图 1-36　【剪辑速度/持续时间】对话框

⊙ 【倒放速度】：选择该项表示播放的时候为倒播。

⊙ 【保持音频音调】：用于给音频定音。

1.4.4 【序列】菜单

计算机基础与实训教材系列

【序列】菜单用于对序列进行操作，如图 1-37 所示。该下拉菜单的主要功能是对素材片段进行编辑并最终生成电影。下面分别介绍【序列】下拉菜单中的各个命令。

1. 【序列设置】命令

此命令用来对当前序列的编辑模式、视频格式、音频格式和视频预览等进行设置。

2. 【渲染入点到出点的效果】命令

此命令用来对工作区内的素材进行预览并生成电影。快捷键为 Enter 键。

图 1-37 【序列】菜单

3. 【渲染入点到出点】命令

此命令用来对当前整段的工作区进行渲染。

4. 【渲染音频】命令

此命令用来对当前选中的音频进行渲染。

5. 【删除渲染文件】命令

此命令用来删除预览工作区内生成的文件。

6. 【删除入点到出点的渲染文件】命令

此命令用来删除当前工作区内已渲染的文件。

7. 【修剪编辑】命令

此命令用来对时间线上相邻的两段视频的出入点进行精确剪辑。

8. 【提升】命令

把【时间线】窗口中选定的轨道上由入点和出点确定的片段从轨道中抽出，与之相邻的片段不改变位置。

9. 【提取】命令

将【时间线】窗口中由入点和出点确定的节目片段抽走，其后的片段前移，填补空缺，而且对于其他未锁定轨道上位于该选择范围内的素材，也同样进行删除。

10. 【应用视频过渡】命令

此命令将用默认的过渡特效来进行视频间的过渡。

11. 【应用音频过渡】命令

此命令将用默认的过渡特效来进行音频间的过渡。

12. 【应用默认过渡到选择项】命令

此命令用来对所选区域使用默认切换效果过渡。

13. 【标准化主轨道】命令

此命令用来对音频信号进行标准化处理。

14. 【制作子序列】命令

对时间线上的某段视频运用该命令可以将剪辑好的序列保存在项目窗口中，不影响整体序列，方便以后使用。

15. 【封闭间隙】

该功能是 Premiere Pro CC 2018 的新增功能，可以消除序列中的间隙，在序列间隙较多时可以提高工作效率。

16. 【转到间隔】

该命令可以迅速将时间指向序列中分割开来的下一段视频。

17. 【放大】命令

此命令用来对当前【时间线】上的素材片段进行放大处理。

18. 【缩小】命令

此命令用来对当前【时间线】上的素材片段进行缩小处理。

19. 【添加轨道】命令

此命令用来在【时间线】窗口中添加视音频轨道。

20. 【删除轨道】命令

此命令用来删除【时间线】上的视音频轨道。

1.4.5 【标记】菜单

【标记】菜单包含了设置标记点的命令，如图 1-38 所示。该下拉菜单主要用于对素材或者时间线设置标记点。

图 1-38 【标记】菜单

1. 【标记入点】【标记出点】【标记剪辑】【标记选择项】和【标记拆分】命令

上述命令用来设置素材的标记。

2. 【转到入点】【转到出点】和【转到拆分】命令

上述命令用来使编辑位置转到某个素材标记。

3. 【清除入点】【清除出点】和【清除入点和出点】命令

上述命令用来清除已经设置的某个素材标记。

4. 【添加标记】命令

该命令用来设置序列标记。

5. 【转到下一标记】和【转到上一标记】命令

上述命令用来指向序列标记。

6. 【清除所选标记】和【清除所有标记】命令

上述命令用来清除已经设置的序列标记。

7. 【添加章节标记】命令

此命令用来设置 Encore 章节标记。

8. 【添加 Flash 提示标记】命令

此命令用来设置 Flash 的提示标记。

1.4.6 其他菜单

1. 【图形】菜单

该菜单用于字幕的设计，包括设置字体、尺寸、对齐和填充等方式以及创建图形元素等操作，如图 1-39 所示。

2. 【窗口】菜单

该菜单包括控制显示/关闭窗口和面板的命令，如图 1-40 所示。打勾的命令选项表示该命令对应的窗口正显示在界面中。

3. 【帮助】菜单

利用该菜单，用户可阅读 Premiere Pro CC 2018 的使用帮助，还可以链接到 Adobe 的网站，寻求在线帮助等，如图 1-41 所示。

图 1-39 【图形】菜单　　　　　　图 1-40 【窗口】菜单　　　　　　图 1-41 【帮助】菜单

任务 5 掌握视频编辑基础知识

数字技术的发展和广泛应用，不仅使视频制作领域引入了全新的技术和概念，而且也给这一领域的节目制作、传输和播出都带来了革命性的变化。下面将介绍有关视频编辑的相关基础知识。

1.5.1 帧和场

像电影一样，视频由一系列的单独图像(称之为帧)组成，并放映到观众面前的屏幕上。视觉暂留现象的存在，使得每秒钟放映若干张图像就会产生动态的画面效果。典型的帧速率范围是24~30 帧/秒，这样才会产生平滑和连续的效果。在正常情况下，一个或者多个音频轨迹与视频同步，并为影片提供声音。

帧速率也是描述视频信号的一个重要概念，帧速率是指每秒钟刷新的图片的帧数，也可以理解为图形处理器每秒钟能够刷新几次。对于 PAL 制式电视系统，帧速率为 25 帧/秒；而对于 NTSC 制式电视系统，帧速率为 30 帧/秒。虽然这些帧速率足以提供平滑的运动效果，但它们还没有高到足以使视频显示避免闪烁的程度。根据实验，人的眼睛可觉察到低于 1/50 秒速度刷新图像中的闪烁。然而，要把帧速率提高到这种程度，就要求显著增加系统的频带宽度，这是相当困难的。为了避免这样的情况，所有的电视系统都采用了隔行扫描方法。

大部分的视频采用两个交换显示的垂直扫描场构成每一帧画面，这称为交错扫描场。交错视频的帧由两个场构成，其中一个扫描帧的全部奇数场，称为奇场或上场；另一个扫描帧的全部偶数场，称为偶场或下场。场以水平分隔线的方式隔行保存帧的内容，在显示时首先显示第一个场的交错间隔内容，然后再显示第二个场来填充第一个场留下的缝隙。每一帧包含两个场，场速率是帧速率的两倍。这种扫描的方式称为隔行扫描，与之相对应的是逐行扫描，每一帧画面由一个非交错的垂直扫描场完成。计算机操作系统就是以非交错形式显示视频的。

1.5.2　NTSC、PAL 和 SECAM

基带视频是一种简单的模拟信号，由视频模拟数据和视频同步数据构成，用于接收端正确地显示图像。信号的细节取决于应用的视频标准或者制式——NTSC(National Television Standards Committee，美国全国电视标准委员会)、PAL(Phase Alteration Line，逐行倒相)以及 SECAM(SEquential Couleur Avec Memoire，顺序传送与存储彩色电视系统，它是法国采用的一种电视制式)。

在 PC 领域，由于使用的制式不同，存在不兼容的情况。就以分辨率为例，有的制式每帧有625 线(50Hz)，有的则每帧只有 525 线(60Hz)。后者是北美和日本采用的标准，统称为 NTSC。通常，一个视频信号是由一个视频源生成的，如摄像机、VCR 或者电视调谐器等。为传输图像，视频源首先要生成一个垂直同步信号(VSYNC)。这个信号会重设接收端设备(PC 显示器)，保证新图像从屏幕的顶部开始显示。发出 VSYNC 信号之后，视频源接着扫描图像的第一行。之后，视频源又生成一个水平同步信号，重设接收端，以便从屏幕左侧开始显示下一行。并针对图像的每一行，都要发出一条扫描线，以及一个水平同步脉冲信号。

另外，NTSC 标准还规定视频源每秒钟需要发送 30 幅完整的图像(帧)。假如不作其他处理，闪烁现象会非常严重。为解决这个问题，每帧又被均分为两部分，每部分 262.5 行。一部分全是奇数行，另一部分则全是偶数行。显示时，先扫描奇数行，再扫描偶数行，这样就可以有效地提高图像显示的稳定性，减少闪烁。

1.5.3　RGB 和 YUV

对一种颜色进行编码的方法统称为【颜色空间】或【色域】。用最简单的话说，世界上任何一种颜色的【颜色空间】都可定义成一个固定的数字或变量。RGB(红、绿、蓝)只是众多颜色空间中的一种。采用这种编码方法，每种颜色都可用 3 个变量来表示——红色、绿色以及蓝色的强度。记录及显示彩色图像时，RGB 是最常见的一种方案。但是，它缺乏与早期黑白显示系统的良好兼容性。因此，众多电子电器厂商普遍采用的做法是，将 RGB 转换成 YUV 颜色空间，以保持兼容，再根据需要转换回 RGB 格式，以便在计算机显示器上显示彩色图形。

YUV(亦称 YCrCb)是欧洲电视系统所采用的一种颜色编码方法(属于 PAL)。YUV 主要用于优化彩色视频信号的传输，使其向后兼容老式的黑白电视。与 RGB 视频信号传输相比，它最大的优点在于只需占用极少的带宽(RGB 要求 3 个独立的视频信号同时传输)。其中，Y 表示明亮度(Luminance 或 Luma)，也就是灰阶值；而 U 和 V 表示的则是色度(Chrominance 或 Chroma)，作用是描述影像色彩及饱和度，用于指定像素的颜色。【亮度】是通过 RGB 输入信号来创建的，方法是将 RGB 信号的特定部分叠加到一起。【色度】则定义了颜色的两个方面——色调与饱和度，分别用 Cr 和 Cb 来表示。其中，Cr 反映了 RGB 输入信号红色部分与 RGB 信号亮度值之间的差异；而 Cb 反映的是 RGB 输入信号蓝色部分与 RGB 信号亮度值之间的差异。

1.5.4　数字视频的采样格式及数字化标准

模拟视频的数字化包括不少技术问题，如电视信号具有不同的制式且采用复合的 YUV 信号方式，而计算机工作在 RGB 颜色空间；电视机是隔行扫描，计算机显示器大多是逐行扫描；电视图像的分辨率与显示器的分辨率也不尽相同等。因此，模拟视频的数字化主要包括颜色空间的转换、光栅扫描的转换以及分辨率的统一。

模拟视频一般采用分量数字化方式，先把复合视频信号中的亮度和色度分离，得到 YUV 或 YIQ 分量，然后用 3 个模/数转换器对 3 个分量分别进行数字化，最后再转换成 RGB 颜色空间。

1. 数字视频的采样格式

根据电视信号的特征，亮度信号的带宽是色度信号带宽的两倍。因此，其数字化时可采用幅色采样法，即对信号的色差分量的采样率低于对亮度分量的采样率。若用 $Y:U:V$ 来表示 YUV 3 个分量的采样比例，则数字视频的采样格式有 3 种，分别是 4:1:1、4:2:2 和 4:4:4。电视图像既是空间的函数，也是时间的函数，而且又是隔行扫描式，所以其采样方式比扫描仪扫描图像的方式要复杂得多。分量采样时采到的是隔行样本点，要把隔行样本组合成逐行样本，然后进行样本点的量化，YUV 到 RGB 颜色空间的转换等，最后才能得到数字视频数据。

2. 数字视频标准

为了在 PAL、NTSC 和 SECAM 电视制式之间确定共同的数字化参数，国家无线电咨询委员会(CCIR)制定了广播级质量的数字电视编码标准，称为 CCIR 601 标准。在该标准中，对采样频率、采样结构、颜色空间转换等都做了严格的规定，主要有：采样频率为 $f_s=13.5$ MHz；分辨率与帧率；根据 f_s 的采样率，在不同的采样格式下计算出数字视频的数据量。

这种未压缩的数字视频数据量对于目前的计算机和网络来说无论是存储或传输都是不现实的，因此在多媒体中应用数字视频的关键问题在于数字视频的压缩技术。

3. 视频序列的 SMPTE 表示单位

通常用时间码来识别和记录视频数据流中的每一帧，从一段视频的起始帧到终止帧，其间的每一帧都有一个唯一的时间码地址。根据动画和电视工程师协会 SMPTE(Society of Motion Picture and Television Engineers) 使用的时间码标准，其格式是小时:分钟:秒:帧或 hours:minutes:seconds:frames。一段长度为 00:01:24:15 的视频片段的播放时间为 1 分钟 24 秒 15 帧，如果以每秒 30 帧的速率播放，则播放时间为 1 分钟 24.5 秒。

根据电影、录像和电视行业中使用帧率的不同，各有其对应的 SMPTE 标准。由于技术的原因，NTSC 制式实际使用的帧率是 29.97 帧/秒，而不是 30 帧/秒，因此在时间码与实际播放时间之间有 0.1%的误差。为了解决这个误差问题，设计了丢帧(drop-frame)格式，即在播放时每分钟要丢两帧(实际上是有两帧不显示而不是从文件中删除)，这样可以保证时间码与实际播放时间的一致。与丢帧格式对应的是不丢帧(nondrop-frame)格式，它忽略了时间码与实际播放帧之间的误差。

1.5.5 视频压缩编码

视频压缩的目标旨在尽可能保证视觉效果的前提下减少视频数据率。视频压缩比一般指压缩后的数据量与压缩前的数据量之比。由于视频是连续的静态图像，因此其压缩编码算法与静态图像的压缩编码算法有某些共同之处，但是运动的视频还有其自身的特性，因此在压缩时还应考虑其运动特性才能达到高压缩的目标。在视频压缩中常用到以下一些基本概念。

1. 有损和无损压缩

在视频压缩中，有损(Lossy)和无损(Lossless)的概念与静态图像中基本类似。无损压缩即压缩前和解压缩后的数据完全一致。多数的无损压缩都采用 RLE 行程编码算法。有损压缩意味着解压缩后的数据与压缩前的数据不一致。在压缩的过程中要丢失一些人眼和人耳所不敏感的图像或音频信息，而且丢失的信息不可恢复。几乎所有高压缩的算法都采用有损压缩，这样才能达到低数据率的目标。丢失的数据率与压缩比有关，压缩比越小，丢失的数据越多，解压缩后的效果一般越差。此外，某些有损压缩算法采用多次重复压缩的方式，这样还会引起额外的数据丢失。

2. 帧内和帧间压缩

帧内(Intraframe)压缩也称为空间压缩(Spatial Compression)。当压缩一帧图像时，仅考虑本帧的数据而不考虑相邻帧之间的冗余信息，这实际上与静态图像压缩类似。帧内一般采用有损压缩算法，由于帧内压缩时各个帧之间没有相互关系，因此压缩后的视频数据仍以帧为单位进行编辑。帧内压缩一般达不到很高的压缩比。

采用帧间(Interframe)压缩是基于许多视频或动画的连续前后两帧具有很大的相关性，或者说前后两帧信息变化很小的特点，也即连续的视频其相邻帧之间具有冗余信息。根据这一特性，压缩相邻帧之间的冗余量就可以进一步提高压缩量，减小压缩比。帧间压缩也称为时间压缩(Temporal Compression)，它通过比较时间轴上不同帧之间的数据进行压缩。帧间压缩一般是无损的。帧差值(Frame Differencing)算法是一种典型的时间压缩法，它比较本帧与相邻帧之间的差异，仅记录本帧与其相邻帧的差值，这样可以大大减少数据量。

3. 对称和不对称编码

对称性(Symmetric)是压缩编码的一个关键特性。对称意味着压缩和解压缩占用相同的计算处理能力和时间，对称算法适合于实时压缩和传送视频，如视频会议应用就适合采用对称的压缩编码算法。而在电子出版和其他多媒体应用中，一般是把视频预先压缩处理好，然后再播放，因此可以采用不对称(Asymmetric)编码。不对称或非对称意味着压缩时需要花费大量的处理能力和时间，而解压缩时则能较好地实时回放，也即以不同的速度进行压缩和解压缩。一般来说，压缩一段视频的时间比回放(解压缩)该视频的时间要多得多。例如，压缩一段 3min 的视频片段可能需要十几分钟的时间，而该片段的实时回放时间只有 3min。

1.5.6 非线性编辑

1. 非线性编辑的概念

非线性编辑是相对传统的以时间顺序进行线性编辑而言的。传统线性视频编辑是按照信息记录的顺序，从磁带中重放视频数据来进行编辑，需要较多的外部设备，如放像机、录像机、特技发生器、字幕机等，工作流程十分复杂。非线性编辑借助计算机来进行数字化制作，几乎所有的工作都在计算机里完成，不再需要那么多的外部设备，对素材的调用也是瞬间实现，不用反反复复在磁带上寻找，突破单一的时间顺序编辑限制，可以按各种顺序排列，具有快捷、随机的特性。非线性编辑只要上传一次，就可以"为所欲为"，直到满意为止，无论多少次的编辑，信号质量始终不会变低，所以节省了设备和人力，提高了效率。

2. 非线性编辑系统的硬件结构

非线性编辑系统技术的重点在于处理图像和声音信息。这两种信息具有数据量大、实时性强的特点。实时的图像和声音处理需要有高速的处理器、宽带数据传输装置、大容量的内存和外存等一系列的硬件环境支持。普通的 PC 难以满足上述要求，经压缩后的视频信号要实时传送仍很困难，因此，提高运算速度和增加带宽需要另外采取措施。这些措施包括采用数字信号处理器 DSP、专门的视音频处理芯片及附加电路板，以增强数据处理能力和系统运算速度。在电视系统处于数字岛(电视演播室设备所经历的单件设备的数字化阶段)时期，帧同步机、数字特技发生器、数字切换台、字幕机、磁盘录像机和多轨 DAT(数字录音磁带)技术已经相当成熟，而借助当前的超大规模集成电路技术，这些数字视频功能已可以在标准长度的板卡上实现。非线性编辑系统板卡上的硬件能直接进行视音频信号的采集、编解码、重放，甚至直接管理素材硬盘，计算机则提供GUI(图形用户界面)、字幕、网络等功能。同时，计算机本身也在迅速发展，PC 软硬件的发展已使操作系统能够直接支持视音频操作。

3. 视频压缩技术

在非线性编辑系统中，数字视频信号的数据量非常庞大，必须对原始信号进行必要的压缩。常见的数字视频信号的压缩方法有 M-JPEG、DV 和 MPEG 等。

◉ M-JPEG 压缩格式

目前，非线性编辑系统绝大多数采用 M-JPEG 图像数据压缩标准。1992 年，ISO(国际标准化组织)颁布了 JPEG 标准。这种算法用于压缩单帧静止图像，在非线性编辑系统中得到了充分的应用。JPEG 压缩综合了 DCT 编码、游程编码、霍夫曼编码等算法，既可以做到无损压缩，也可以做到质量完好的有损压缩。完成 JPEG 算法的信号处理器在 20 世纪 90 年代发展很快，可以做到以实时的速度完成运动视频图像的压缩。这种处理方法称为 Motion-JPEG(M-JPEG)。在录入素材时，M-JPEG 编码器对活动图像的每一帧进行实时帧内编码压缩，在编辑过程中可以随机获取和重放压缩视频的任一帧，很好地满足了精确到帧的后期编辑要求。

Motion-JPEG 虽然已大量应用于非线性编辑中，但它与前期广泛应用的 DV 及其衍生格式(DVCPRO 25、DVCPRO 50 和 Digital-S 等)，以及后期在传输和存储领域广泛应用的 MPEG-2 都无法进行无缝连接。因此，在非线性编辑网络中应用的主要是 DV 体系和 MPEG 格式。

◉　DV 体系

1993 年，包括索尼、松下、JVC 以及飞利浦等几十家公司组成的国际集团联合开发了具有较高质量、统一标准的家用数字录像机格式，称为 DV 格式。从 1996 年开始，各公司纷纷推出各自的产品。DV 格式的视频信号采用 4∶2∶0 取样、8 bit 量化。对于 625/50 制式，一帧记录 576 行。每行的样点数：Y 为 720，Cr、Cb 各为 360，且隔行传输。视频采用帧内约 5∶1 数据压缩，视频数据率约 25 Mb/s。DV 格式可记录 2 路(每路 48 kHz 取样、16 bit 量化)或 4 路(32 kHz 取样、12 bit 量化)无数据压缩的数字声音信号。

DVCPRO 格式是日本松下公司在家用 DV 格式基础上开发的一种专业数字录像机格式，用于标准清晰度电视广播制式的模式有两种，称为 DVCPRO 25 模式和 DVCPRO 50 模式。在 DVCPRO 25 模式中，视频信号采用 4∶1∶1 取样、8 bit 量化，一帧记录 576 行，每行的样点数：Y 为 720，Cr、Cb 各为 180，数据压缩也为 5∶1，视频数据率亦为 25 Mb/s。在 DVCPRO 50 模式中，视频信号采用 4∶2∶2 取样、8 bit 量化，一帧记录 576 行，每行样点数：Y 为 720，Cr、Cb 各为 360，采用帧内约 3∶3∶1 数据压缩，视频数据率约为 50 Mb/s。DVCPRO 25 模式可记录 2 路数字音频信号，DVCPRO 50 模式可记录 4 路数字音频信号，每路音频信号都为 48 kHz 取样、16 bit 量化。

DVCPRO 格式的带盒小、磁鼓小、机芯小，这种格式的一体化摄录机体积小、重量轻，在全国的各地方电视台都用得非常多。因此，在建设电视台的非线性编辑网络时，DVCPRO 是非编系统硬件必须支持的数据输入和压缩格式。

◉　MPEG 压缩格式

MPEG 是 Motion Picture Expert Group(运动图像专家组)的简称。开始时，MPEG 是视频压缩光盘(VCD、DVD)的压缩标准。MPEG-1 是 VCD 的压缩标准，MPEG-2 是 DVD 的压缩标准。现在，MPEG-2 系列已经发展成为 DVB(数字视频广播)和 HDTV(高清晰度电视)的压缩标准。非编系统采用 MPEG-2 为压缩格式给影视制作、播出带来了极大的方便。MPEG-2 压缩格式与 Motion-JPEG 最大的区别在于它不仅有每帧图像的帧内压缩(JPEG 方法)，还增加了帧间压缩，因而能够获得比较高的压缩比。在 MPEG-2 中，有 I 帧(独立帧)、B 帧(双向预测帧)和 P 帧(前向预测帧)3 种形式。其中，B 帧和 P 帧都要通过计算才能获得完整的数据，这给精确到帧的非线性编辑带来了一定的难度。现在，基于 MPEG-2 的非线性编辑技术已经成熟，对于网络化的非编系统来说，采用 MPEG2-IBP 作为高码率的压缩格式，将会极大地减少网络带宽和存储容量，对于需要高质量后期合成的片段可采用 MPEG2-I 格式。MPEG2-IBP 与 MPEG2-I 帧混编在技术上也已成熟。

4. 数据存储技术

由于非线性编辑要实时地完成视音频数据处理，因此系统的数据存储容量和传输速率也非常重要。通常单机的非编系统需应用大容量硬盘和 SCSI 接口技术。对于网络化的编辑，其在线存储系统还需使用 RAID 硬盘管理技术，以提高系统的数据传输速率。

◉　大容量硬盘

硬盘的容量大小决定了它能记录多长时间的视音频节目和其他多媒体信息。以广播级 PAL 制式电视信号为例，压缩前，1 s 视音频信号的总数据量约为 32 MB，进行 3∶1 压缩后，1 s 视音频信号的数据量约为 10 MB，1min 视音频信号的数据量约为 600 MB，1 h 视音频节目需要约 36 GB 的硬盘容量。近年来硬盘技术发展很快，一个普通家用计算机的硬盘就可以达到 500 GB，通常专业级的硬盘容量在 1 TB 左右，因此，现有的硬盘容量完全能够满足非线性编辑的需要。

◉　SCSI 接口技术

数据传输率也称为"读写速率"或"传输速率"，一般以 Mb/s 表示。它代表在单位时间内存储设备所能读/写的数据量。在非线性编辑系统中，硬盘的数据传输率是最薄弱的环节。普通硬盘的转速还不能满足实时传输视音频节目的需要。为了提高数据传输率，计算机使用了 SCSI 接口技术。SCSI 是 Small Computer System Interface(小型计算机系统接口)的简称。目前 SCSI 总线支持 32 bit 的数据传输，并具有多线程 I/O 功能，可以从多个 SCSI 设备中同时存取数据。这种方式明显加快了计算机的数据传输速率，如果使用两个硬盘驱动器并行读取数据，则所需文件的传输时间是原来的 1/2。目前，8 位的 SCSI 最大数据传输率为 20 Mb/s，16 位的 Ultra Wide SCSI(超级宽 SCSI)为 40 Mb/s，最快的 SCSI 接口 Ultra 320 的最大数据传输率能达到 320 Mb/s。SCSI 接口加上与其相配合的高速硬盘，能满足非线性编辑系统的需要。

对非线性编辑系统来说，硬盘是目前最理想的存储媒介，尤其是 SCSI 硬盘，其传输速率、存储容量和访问时间都优于 IDE 接口硬盘。SCSI 的扩充能力也比 IDE 接口强。增强型 IDE 接口最多可驱动 4 个硬盘，SCSI-I 规范支持 7 个外部设备，而 SCSI-II 一般可连接 15 个设备，Ultra 2 以上的 SCSI 可连接 31 个设备。

◉　RAID 管理技术

网络化的编辑对非编系统的数据传输速率提出了更高的要求。处于网络中心的在线存储系统通常由许多硬盘组成硬盘阵列。系统要同时传送几十路甚至上百路的视音频数据就需要应用 RAID 管理电路。该电路把每一字节中的位分配给几个硬盘同时读/写，提高了速度，整体上等效于一个高速硬盘。这种 RAID 管理方式不占用计算机的 CPU 资源，也与计算机的操作系统无关，传输速率可以达到 100 Mb/s 以上，并且安全性能较高。

计算机　基础与实训教材系列

5. 图像处理技术

在非线性编辑系统中，用户可以制作丰富多彩的数字视频特技(Digital Video Effect，DVE)效果。数字视频特技有硬件和软件两种实现方式。软件方式以帧或场为单位，经计算机的中央处理器(CPU)运算获得结果。这种方式能够实现的特技种类较多，成本低，但速度受 CPU 运算速度的限制。硬件方式制作数字特技采用专门的运算芯片，每种特技都有大量的参数可以设定和调整。在质量要求较高的非编系统中，数字特技是由硬件或软件协助硬件完成的，一般能实现部分特技的实时生成。

电视节目镜头的组接可分为【混合】【扫换(划像)】【键控】和【切换】4 大类。多层数字图像的合成实际上是图像的代数运算的一种。它在非线性编辑系统中的应用有两大类，即全画面合成与区域选择合成。在电视节目后期制作中，前者称为【叠化】，后者在视频特技中用于【扫换】和【抠像】。多层画面合成中的层是随着新型数字切换台的出现而引入的。视频信号经数字化后在帧存储器中进行处理才能使层得到实现。所谓的层，实际上就是帧存，所有的处理包括【划像】【色键】【亮键】和【多层淡化叠显】等数字处理都是在帧存中进行的。数字视频混合器是非线性编辑系统中多层画面叠显的核心装置，主要提供【叠化】【淡入淡出】【扫换】和【键控】合成等功能。

随着通用和专用处理器速度的提高，图像处理技术和特级算法的改进，以及 MMX(Multimedia Extensions，多媒体扩展)技术的应用，许多软件特技可以做到实时或准实时。随着由先进的 DSP 技术和硬件图像处理技术所设计的特技加速卡的出现，软件特技处理时间加快了 8~20 倍。软件数字特技由于特技效果丰富、灵活、可扩展性强，更能发挥制作人员的创意，因此，在图像处理中的应用越来越多。

6. 图文字幕叠加技术

字幕是编辑中不可缺少的一部分。在传统的电视节目制作中，字幕总是叠加在图像的最上一层。字幕机是串接在系统最后一级上的。在非线性编辑中，插入字幕有硬件和软件两种方式。软件字幕是利用作图软件的原理把字幕作为图形键处理，生成带 Alpha 键的位图文件，将其调入编辑轨对某一层图像进行抠像贴图，完成字幕功能。硬件字幕的硬件构成通常由一个图形加速器和一个图文帧存组成。图形加速器主要用于对单个像素、专用像素和像素组等图形部件的管理，它具有绘制线段、圆弧和显示模块等高层次图形功能，因而明显减轻了由于大量的图形管理给 CPU 带来的压力。图形加速器的效率和功能直接影响图文字幕的速度和效果。叠加字幕的过程是将汉字从硬盘的字库中调到计算机内存中，以线性地址写入图文帧存，经属性描述后输出到视频混合器的下游键中，将视频图像合成后输出。

拓展训练

本拓展训练主要通过安装 Premiere Pro CC 2018 和制作简单的影片来学习 Premiere Pro CC 2018 的基本工作流程。

1. 安装 Premiere Pro CC 2018

(1) 打开 Premiere Pro CC 2018 的安装文件所在的文件夹，双击并运行 setup.exe，进入安装初始化界面，如图 1-42 所示。

(2) 初始化完成后，弹出如图 1-43 所示的安装协议对话框，单击右下角的【接受】按钮。

图 1-42 安装初始化界面　　　　　　　　图 1-43 安装协议对话框

提示

在安装时，Premiere Pro CC 2018 会进行系统检查。如果安装时系统正在运行与安装程序相冲突的应用程序，安装程序会列出需要关闭的程序。关闭所有列出的应用程序后，单击【重试】按钮继续进行安装。

（3）在弹出的窗口中选择【提供序列号】选项，如图1-44所示，然后输入序列号，输入完成后在右上角选择一种语言，或者选择【安装此产品的试用版】，然后单击【下一步】按钮。

（4）接下来，进入【安装】界面，可以看到安装的进度，如图 1-45 所示。

图 1-44　输入序列号选项　　　　　　　　　　　图 1-45　安装进度窗口

（5）安装完成后，会弹出一个如图1-46所示的窗口。单击【立即启动】按钮即可运行软件。

2. 熟悉 Premiere Pro CC 2018 的工作流程

1）效果说明

本例是自然风光的视频剪辑，最终效果如图 1-60 所示。

图 1-46　安装完成

2）操作要点

本例主要练习如何导入素材到【项目】窗口中、如何添加各种素材到【时间线】窗口中、如何编辑视音频素材，以及如何利用关键帧制作【淡出】效果等基本操作。

3）操作步骤

（1）运行 Premiere Pro CC 2018，打开【开始】界面，如图 1-47 所示。在该界面下，单击【新建项目】按钮，打开【新建项目】对话框。

（2）在【新建项目】对话框中，设置【视频】的【显示格式】为【时间码】，【音频】的【显

示格式】为【音频采样】，【捕捉】的【捕捉格式】为 HDV。然后选择项目存储的路径及设置名称
为"ch01-1"，之后单击【确定】按钮即可创建"ch01-1"项目文件，如图 1-48 所示。

图 1-47　【开始】界面

图 1-48　设置项目

(3) 进入程序主界面后，选择【文件】|【导入】命令，打开【导入】对话框。在该对话框中
选择"墨泣-海梦(Sea of Dreams).mp3"和"冬季掠影.mp4"素材文件。选择完成后，单击【打开】
按钮，将它们导入【项目】窗口中，如图 1-49 所示。

(4) 完成导入操作后，选择【文件】|【保存】命令，保存项目文件。

(5) 在【项目】窗口中，单击右下角的【新建项】按钮，在弹出的菜单中选择【序列】命
令，如图 1-50 所示。

图 1-49　导入素材

图 1-50　新建序列

(6) 在弹出的【新建序列】对话框中选择如图 1-51 所示的选项，序列名称为"序列 01"，单
击【确定】按钮。

(7) 在【项目】窗口中，双击【序列 01】序列。

图 1-51 序列设置

(8) 双击【项目】窗口中的素材"冬季掠影", 打开【源】窗口。单击【源】窗口左下角的【播放指示器位置】, 修改时间为 00:00:01:20, 单击【标记入点】按钮, 再修改时间为 00:00:18:03, 单击【标记出点】按钮, 将鼠标移动到【仅拖动视频】按钮上, 按下鼠标左键, 拖动到【时间线】窗口的 V1 轨道上, 如图 1-52 所示。此时会弹出【剪辑不匹配警告】对话框, 如图 1-53 所示, 单击【更改序列设置】按钮。

图 1-52 拖动素材到 V1 轨道上

图 1-53 【剪辑不匹配警告】对话框

(9) 使用同样的方法, 把入点 00:00:18:04 与出点 00:00:20:14 之间的视频、入点 00:00:20:15 与出点 00:00:22:24 之间的视频、入点 00:01:14:01 与出点 00:01:35:20 之间的视频分别拖到 V1 轨道上。再将【项目】窗口中的音频素材"墨泣-海梦(Sea of Dreams).mp3"拖到 A1 轨道上, 如图 1-54 所示。

(10) 选中第 2 个视频短片, 在【效果控件】面板中设置其【缩放】值为"104", 如图 1-55 所示。

图 1-54　把另外 3 段视频移动到 V1 轨道上

图 1-55　【效果控件】参数设置

(11) 选中第 4 个视频素材并右击，在弹出的快捷菜单中选择【速度/持续时间】命令，在弹出的对话框中设置【速度】为 "200%"，单击【确定】按钮，如图 1-56 所示。

(12) 将时间线指针移动到视频结尾处，选择【剃刀】工具，在音频素材 "墨泣-海梦(Sea of Dreams).mp3" 的时间线指针上单击，将素材剪开。选中后面的部分，将其删除，使其与视频素材对齐，如图 1-57 所示。

图 1-56　设置素材的速度

图 1-57　将音频素材与视频素材对齐

(13) 选中音频素材，在【效果控件】面板中【音量】下的【级别】选项中单击【添加/移除关键帧】按钮 ，添加一个关键帧，设置为-287.5 db；将时间标尺移动到 00:00:29:00 处，再添加一个关键帧，设置为 0 db，如图 1-58 所示。此时如果在【时间线】窗口的 A1 轨道左边滚动鼠标的滑轮，可以将音频轨道放大，能够看到音频呈现如图 1-59 所示的【淡出】(渐隐)效果。

图 1-58　为音频添加关键帧　　　　　　　　　图 1-59　音频【淡出】效果

(14) 完成后，单击【节目】窗口中的【播放】按钮，预览效果如图 1-60 所示。

图 1-60　预览效果

(15) 保存项目文件。

习　题

1. 在【时间线】窗口中，视频素材有哪 4 种不同的显示模式可供选择？

2. 素材替换有哪些方式？

3. 哪个工具可以用来调节某个素材及其相邻素材的长度，并且保持两个素材及其后所有素材的长度不变？

4. 【历史记录】面板最多可以记录多少个操作步骤？

5. 【帧】是什么单位？

6. 目前，世界上的彩色电视主要采用哪 3 种制式，我国使用的是哪一种？

7. 什么是有损压缩和无损压缩？

8. 简述 Premiere 的基本工作流程。

第2章

采集与管理素材

学习目标

在进行视频编辑之前，对项目和素材进行管理可以使编辑效率大大提高，达到事半功倍的效果。本章将详细介绍在 Premiere Pro CC 2018 中如何创建项目和设置系统的参数、如何采集素材，以及如何导入素材并对文件进行组织和管理。同时详细讲述 Premiere Pro CC 2018 所支持的文件输入格式，讲解脱机文件的实际应用。通过本章的学习，读者可以逐步掌握视频编辑的基本知识和正确的工作流程。

本章重点

- ◉ 采集素材
- ◉ 导入素材
- ◉ 管理素材

任务 1　采集素材

项目(Project)是一种单独的 Premiere 文件，包含了序列以及组成序列的素材(视频片段、音频文件、静态图像以及字幕等)。项目存储了关于序列和参考的信息，如采集设置、切换和音频混合。项目文件还包含了所有编辑结果的数据。

2.1.1　新建项目

成功启动 Premiere Pro CC 2018 后，会出现【开始】界面。在该界面中可以单击【新建项目】按钮创建一个新的项目文件，也可以单击【打开项目】按钮打开已有的项目文件，如图 2-1 所示。

单击【新建项目】按钮，会打开【新建项目】对话框。在【常规】选项卡中，设置【视频】选项的【显示格式】为【时间码】，【音频】选项的【显示格式】为【音频采样】，【捕捉】选

项的【捕捉格式】为 DV。在【位置】下拉列表框中，设置保存项目的路径，在【名称】文本框中给项目命名(一般填写影片名)，如图 2-2 所示。在如图 2-3 所示的【暂存盘】选项卡中，【捕捉的视频】【捕捉的音频】【视频预览】【音频预览】等栏目里均设置为【与项目相同】。单击【确定】按钮，此时即可进入 Premiere Pro CC 2018 的工作界面。执行【文件】|【新建】|【序列】命令，弹出【新建序列】对话框，如图 2-4 所示。

图 2-1　新建或打开项目

图 2-2　【常规】选项卡

图 2-3　【暂存盘】选项卡

图 2-4　【新建序列】对话框

计算机 基础与实训教材系列

　　在【新建序列】对话框的【序列预设】选项卡中的【可用预设】列表中，用户可以设置 DV-24P、DV-NTSC 等标准。

⊙ 在如图 2-5 所示的【设置】选项卡中，根据需要可以将【编辑模式】设置为 DV PAL，
【时间基准】设置为【25.00 帧/秒】，视频的【帧大小】默认为【720 水平 576 垂直 4：
3】(宽银幕则为 16：9)，【像素长宽比】设置为【DI/DV PAL(1.0940)】(宽银幕则为【DI/DV
PAL 宽银幕 16：9(1.4587)】)，【场】设置为【高场优先】，【显示格式】设置为【25 fps
时间码】。音频的【采样率】设置为 48000 Hz，【显示格式】设置为【音频采样】。【视
频预览】的【预览文件格式】设置为【Microsoft AVI DV PAL】。

在如图 2-6 所示的【轨道】选项卡中，默认【视频】为 3 轨道，【音频】中的【声道数】是
2。最后，在【序列名称】文本框中填写序列名称。单击【确定】按钮后，完成项目设置，进入
Premiere Pro CC 2018 的工作界面。

图 2-5　【设置】选项卡

图 2-6　【轨道】选项卡

2.1.2　设置工作系统参数

在使用 Premiere Pro CC 2018 软件进行编辑之前，用户需要对该软件本身的一些重要参数进
行设置，以便软件工作时处于最佳状态。

1. 打开参数对话框

在 Premiere Pro CC 2018 工作界面的菜单栏中，执行【编辑】|【首选项】|【常规】命令，弹
出【首选项】对话框，如图 2-7 所示。

2. 时间轴设置

在【首选项】对话框的【时间轴】选项卡中，可以修改【视频过渡默认持续时间】为 25 帧，
将音频过渡和静帧图像的默认持续时间分别设置为 1.00 秒和 125 帧，其余的选项均为默认设置。

3. 自动保存设置

在编辑的过程中，系统会根据用户的设置，自动对已编辑的内容进行保存。自动保存的时间
间隔不能过短，以免造成系统占用过多的时间来进行存盘工作。

图 2-7 【首选项】对话框

单击【自动保存】选项，设置【自动保存时间间隔】为 15min。用户可以根据硬盘空间的大小来设置项目数量，一般设置【最大项目版本】为 20，如图 2-8 所示。如用户硬盘空间大，可以适当增加项目版本的设置值。

4. 捕捉设置

单击【采集】选项，一定要选中【丢帧时中止捕捉】复选框，这样在采集素材时如果出现大量帧丢失的情况，系统会自动中断当前的采集，并提示用户。

5. 媒体和媒体缓存设置

Premiere Pro CC 2018 工作中产生的媒体高速缓存文件所需要的硬盘空间较大，用户应尽量将其设置在磁盘空间较大的位置。

单击【媒体缓存】选项，单击【浏览】按钮。在弹出的【浏览文件夹】对话框中，选择缓存文件所要保存的位置(硬盘文件夹)。将【媒体缓存数据库】也设置在同样位置的硬盘文件夹中。单击【媒体】选项，在【不确定的媒体时基】下拉列表中，选择 25.00 fps，其余的选项均为默认状态，如图 2-9 所示。

图 2-8 【自动保存】选项卡

图 2-9 【媒体】选项卡

2.1.3　视频采集卡简介

视频采集卡一般分为广播级视频采集卡、专业级视频采集卡和民用级视频采集卡。它们的区别主要是采集的图像指标不同。

⊙　广播级视频采集卡：最高采集分辨率一般为 768×576(均方根值)/720×576(CCIR-601 值)PAL 制 25 帧每秒，或 640×480/720×480 NTSC 制 30 帧每秒，最小压缩比一般在 4∶1 以内。这类产品的特点是采集的图像分辨率高，视频信噪比高。缺点是视频文件庞大，每分钟的数据量至少为 200MB。此类设备是视频采集卡中最高档的，用于电视台制作节目。

⊙　专业级视频采集卡：其级别比广播级视频采集卡的性能稍微低一些。分辨率两者是相同的，但专业级视频采集卡的压缩比稍微大一些，其最小压缩比一般在 6∶1 以内。输入输出接口为 AV 复合端子与 S 端子。此类产品适用于广告公司、多媒体公司制作节目及多媒体软件。

⊙　民用级视频采集卡：其动态分辨率一般最大为 384×288 PAL 制 25 帧每秒，或 320×240 NTSC 制 30 帧每秒(个别产品的静态捕捉分辨率为 768×576)。输入端子为 AV 复合端子与 S 端子，绝大多数不具有视频输出功能。

在计算机上通过视频采集卡可以接收来自视频输入端的模拟视频信号，对该信号进行采集、量化成数字信号，然后压缩编码成数字视频。大多数视频卡都具备硬件压缩的功能，在采集视频信号时首先在卡上对视频信号进行压缩，然后再通过 PCI 接口把压缩的视频数据传送到主机上。一般的 PC 视频采集卡采用帧内压缩的算法把数字化的视频存储成 AVI 文件，高档一些的视频采集卡还能直接把采集到的数字视频数据实时压缩成 MPEG-1 格式的文件。

由于模拟视频输入端可以提供不间断的信息源，视频采集卡要采集模拟视频序列中的每帧图像，并在采集下一帧图像之前把这些数据传入 PC 系统。因此，实现实时采集的关键是每一帧所需的处理时间。如果每帧视频图像的处理时间超过相邻两帧之间的相隔时间，则会出现数据的丢失，即丢帧现象。采集卡都会把获取的视频序列先进行压缩处理，然后再存入硬盘，也就是说视频序列的获取和压缩是在一起完成的，这免除了再次进行压缩处理的不便。不同档次的采集卡具有不同质量的采集压缩性能。

2.1.4　采集的注意事项

由于采集视频和视频编辑的运算会占用大量的计算机系统资源，因此用户必须正确地设置计算机中相关的参数选项，以确保成功地进行视频采集和视频编辑。下面就介绍一些关于采集视频和编辑视频时设置数码摄像机和优化计算机的技巧。

⊙　在使用 Premiere 进行视频采集操作时，最好关闭所有其他的应用程序，并且还应关闭自动启动的软件，如屏幕保护等。这样可以避免采集视频时发生中断。

⊙　如果用户的计算机系统中有两个以上的硬盘分区，那么可以将 Premiere 先安装在系统盘(通常是 C 盘)，再将采集视频保存在其他分区中，如 D 盘等。

⊙　设置系统的虚拟内存为内存容量的两倍。

◉ 禁用用于视频采集硬盘的【启用磁盘上的写入缓存】功能。

要想禁用视频采集硬盘的【启用磁盘上的写入缓存】功能，可以通过如下步骤进行操作。

在打开的如图 2-10 所示的【设备管理器】对话框中，选择【磁盘驱动器】中用户采集视频使用的硬盘名称，如图 2-11 所示。然后在选择的选项上右击，从弹出的快捷菜单中选择【属性】命令，打开该硬盘的属性对话框。在该对话框的【策略】选项卡中，取消选中【启用设备上的写入缓存】复选框，即可禁用该功能，如图 2-12 所示。设置完成后，单击【确定】按钮。

图 2-10 【设备管理器】对话框

图 2-11 在【磁盘驱动器】中选择采集视频使用的硬盘名称

图 2-12 取消选中【启用设备上的写入缓存】复选框

捕捉视频素材是项目素材的重要功能之一。Premiere Pro CC 2018 的采集视频功能，只需通过【捕捉】面板和【项目】窗口进行简单的操作便可实现，其功能不但专业化，而且也大大提高了使用效率。在进行视频采集前，应该先了解视频采集需要进行哪些参数设置。

执行菜单栏中的【文件】|【捕捉】命令，打开如图 2-13 所示的【捕捉】面板。

图 2-13 【捕捉】面板

【捕捉】面板右侧是【记录】选项卡，该选项卡由 4 个选项区域构成，分别是【设置】【剪辑数据】【时间码】和【捕捉】。各选项区域的含义如下。

◎ 【设置】：在【捕捉】下拉列表中可以选择需要采集的文件类型，包括【音频和视频】【音频】和【视频】；【将剪辑记录到】列表框用于确定采集后素材所存放的位置。

◎ 【剪辑数据】：该区域的参数主要是为采集到的素材命名，并建立描述文件以及备注信息等。

◎ 【时间码】：该区域的参数主要是确定入点、出点，以及素材的延时信息。

◎ 【捕捉】：该区域的参数主要是设定采集开始、结束的信息以及采集类型等参数。

单击【设置】标签，打开【设置】选项卡，如图 2-14 所示，可以看到【设置】选项卡分为【捕捉设置】【捕捉位置】和【设备控制】3 个选项区域。单击【捕捉设置】区域中的【编辑】按钮，将打开如图 2-15 所示的【捕捉设置】对话框，在【捕捉格式】下拉列表中选择采集的视频类型。

图 2-14 【设置】选项卡

图 2-15 【捕捉设置】对话框

设置完毕后，单击【确定】按钮回到【捕捉】面板。

【捕捉位置】选项区域下方是【设备控制】选项区域，其各项参数的含义如下。

◎ 【设备】：控制采集设备的参数。单击【选项】按钮，可以打开【DV/HDV 设备控制设置】对话框。在该对话框中，可以看到 DV 的品牌与型号设置。进行选择后，在【检查状态】选项中将提示连接的状态，如图 2-16 所示。

◎ 【预卷时间】：在控制设备时，指定视频采集在入点之前保留的时间，使设备倒带速度达到同步。该参数的默认设置是 2s，具体设置取决于摄像机的类型。

◎ 【时间码偏移】：在控制设备时，调整视频上的时间标记，使之符合原始录像带中正确的帧。

图 2-16 【DV/HDV 设备控制设置】对话框

◎　【丢帧时中止捕捉】：若选中该复选框，采集时一旦出现丢失帧的情况，采集过程将会自动停止。

设置完毕后，就可以进行 DV 采集工作了。在采集的过程中，为了保证画面质量，最好关掉其他程序。

任务 2　导入素材

Premiere Pro CC 2018 可以导入多种格式的文件，包括了几乎所有常用的视频、音频和静帧图像以及项目文件等，如图 2-17 所示。视频格式主要有AVI、MPEG、MOV、WMV、ASF、FLV 和 DLX，音频格式主要有 WAV、MP3 和 WMA，图像文件主要有 BMP、JPEG、GIF、AI、PNG、PSD、EPS、ICO、PCX、TGA 和 TIF 等，项目文件格式主要有 PPJ、PRPROJ、AAF、AEP、EDL 和 PLB 等。

所有支持的媒体(*.264;*.3G2;*.3GP;*.3GPP;*.AAC;*.AAF;*.AC3;*.AEP;*.AEPX;*.AI
AAF (*.AAF)
ARRIRAW 文件 (*.ARI)
AVI 影片 (*.AVI)
Adobe After Effects 项目 (*.AEPX)
Adobe Audition 轨道 (*.XML)
Adobe Illustrator 文件 (*.AI;*.EPS)
Adobe Premiere Pro 项目 (*.PRPROJ)
Adobe Title Designer (*.PRTL;*.PTL)
Adobe 声音文档 (*.ASND)
CMX3600 EDL (*.EDL)
Cineon/DPX 文件 (*.CIN;*.DPX)
CompuServe GIF (*.GIF)
EBU N19 字幕文件 (*.STL)
FLV (*.FLV)
Final Cut Pro XML (*.XML)
JPEG 文件 (*.JFIF;*.JPE;*.JPEG;*.JPG)
MP3 音频 (*.MP3;*.MPA;*.MPE;*.MPEG;*.MPG)
MPEG 影片 (*.264;*.3GP;*.3GPP;*.AAC;*.AC3;*.AVC;*.F4V;*.M1A;*.M1V;*.M2A
MXF (*.MXF)
MacCaption VANC 文件 (*.MCC)
Macintosh 音频 AIFF (*.AIF;*.AIFF)
P2 影片 (*.MXF)
PNG 文件 (*.PNG)
Photoshop (*.PSD)
QuickTime 影片 (*.3G2;*.3GP;*.M4A;*.M4V;*.MOV;*.MP4;*.QT)
RED R3D Raw File (*.R3D)
Scenarist 隐藏字幕文件 (*.SCC)
Shockwave Flash 对象 (*.SWF)
TIFF 图像文件 (*.TIF;*.TIFF)

图 2-17　Premiere 支持的文件格式

2.2.1　常用文件格式简介

下面对一些常用的文件格式进行简单介绍。

1. AVI 格式

AVI 是音频视频交错(Audio Video Interleaved)的英文缩写，它是 Microsoft 公司开发的一种符合 RIFF 文件规范的数字音频与视频文件格式，原先用于 Microsoft Video for Windows(简称 VFW)环境，现在已被多数操作系统直接支持。AVI 格式常应用在多媒体光盘上，用于保存电视、电影等各种影像信息。不过，有时它也会出现于 Internet 中，为用户提供新影片的精彩片段。

AVI 格式是将语音和影像同步组合在一起的文件格式，允许视频和音频交错在一起同步播放，对于视频文件采用了一种有损压缩方式，但压缩比较高，因此尽管画面质量不是太好，但其应用范围仍然非常广泛。AVI 支持 256 色和 RLE 压缩，但 AVI 文件并未限定压缩标准，因此，AVI 文件格式只是作为控制界面上的标准，不具有兼容性，用不同压缩算法生成的 AVI 文件，必须使用相应的解压缩算法才能播放出来。Premiere 能够导入各种编码的 AVI 文件，只要是当前系统能够播放的 AVI 文件均能够被导入。

2. MPEG 格式

MPEG 格式的文件是行业中开发早、使用时间长，并且早已认定为视频标准的视频文件。VCD、SVCD 和 DVD 所采用的视频文件，都是 MPEG 格式的文件。MPEG 是 Motion Picture Experts Group 的缩写，它包括 MPEG 视频、MPEG 音频和 MPEG 系统(视音频同步)3 个部分。MPEG 压缩标准是针对运动图像而设计的，基本方法为：在单位时间内采集并保存第一帧信息，然后只存储其余帧相对第一帧发生变化的部分，以达到压缩的目的。MPEG 压缩标准可实现帧之间的压缩，其平均压缩比可达 50:1，压缩率比较高，且又有统一的格式，兼容性好。在多媒体数据压缩标准中，MPEG 系列标准的应用较广泛，包括 MPEG-1、2、4 等。

MPEG-1 用于传输 1.5 Mb/s 数据传输率的数字存储媒体。运动图像及其伴音的编码经过 MPEG-1 标准压缩后，视频数据压缩率为 1/200~1/100，音频压缩率为 1/6.5。MPEG-1 提供每秒 30 帧 352×240 分辨率的图像，当使用合适的压缩技术时，具有接近家用视频制式(VHS)录像带的质量。

MPEG-2 主要满足高清晰度电视(HDTV)的需要，传输速率为 10 Mb/s，与 MPEG-1 兼容，适用于 1.5~60 Mb/s 甚至更高的编码范围。MPEG-2 有每秒 30 帧 720×480 的分辨率，是 MPEG-1 播放速度的 4 倍。它适用于高要求的广播和娱乐应用程序，如 DSS 卫星广播和 DVD，MPEG-2 是家用视频制式(VHS)录像带分辨率的两倍。

MPEG-4 标准是超低码率运动图像和语言的压缩标准，用于传输速率低于 64 Mb/s 的实时图像传输，它不仅可覆盖低频带，也可向高频带发展。较之前两个标准而言，MPEG-4 为多媒体数据压缩提供了一个更为广阔的平台。它更多定义的是一种格式、一种架构，而不是具体的算法。它可以将各种各样的多媒体技术充分结合起来，包括压缩本身的一些工具、算法，也包括图像合成、语音合成等技术。

3. ASF 格式

ASF 是微软公司 Windows Media 的核心，英文全名为 Advanced Stream Format。ASF 是一种包含音频、视频、图像以及控制命令脚本的数据格式，最大的优点是文件体积小，可以在网络上传输。这种格式是以 MPEG-4 为核心而开发的，主要用于在线播放的流媒体，所以质量上比其他的文件稍微差一些。如不考虑网络传播，而用最好的质量来压缩，则质量比起 VCD 格式的 MPEG-1 还要稍微好一些，并且体积上有优势。

4. WMV 格式

和 ASF 格式一样，WMV 也是微软的一种流媒体格式，英文全名为 Windows Media Video。与 ASF 格式相比，WMV 是前者的升级版本。WMV 格式的体积非常小，因此很适合在网上播放和传输。在文件质量相同的情况下，WMV 格式的视频文件比 ASF 格式的视频文件拥有更小的体积。从 Windows Media Video 7 开始，微软在视频方面开始脱离 MPEG 组织，并且与 MPEG-4 不兼容，成为一个独立的编解码系统。

5. QuickTime(MOV)格式

QuickTime(MOV)是 Apple 公司开发的一种音频、视频文件格式，用于保存音频和视频信息，具有先进的视频和音频功能，被包括 Apple Mac OS、Microsoft Windows 系统在内的所有主流计算机平台支持。QuickTime 文件格式支持 25 位彩色，支持 RLE、JPEG 等领先的集成压缩技术，提供 150 多种视频效果，并配有能够提供 200 多种 MIDI 兼容音响和设备的声音装置。新版的 QuickTime 进一步扩展了原有的功能，包含了基于 Internet 应用的关键特性，能够通过 Internet 提供实时的数字化信息流、工作流与文件回放功能。此外，QuickTime 还采用了一种称为 QuickTime VR(QTVR)技术的虚拟现实(Virtual Reality，VR)技术，用户通过鼠标或键盘的交互式控制，可以观察某一地点周围 360° 的影像，或者可以从空间任何角度观察某一物体。QuickTime 以其领先的多媒体技术和跨平台特性、较小的存储空间需求、技术细节的独立性以及系统的高度开放性，得到了业界的广泛认可。要在 Premiere 中导入 QuickTime 文件，必须先在系统中安装 QuickTime 播放器。

6. WAV 格式

WAV 格式是微软公司开发的一种声音文件格式，它符合 RIFF(Resource Interchange File Format，资源交换文件格式)文件规范，用于保存 Windows 平台的音频信息资源，被 Windows 平台及其应用程序所支持。WAV 格式支持 MSADPCM、CCITT A LAW 等多种压缩算法，支持多种音频位数、采样频率和声道，标准格式的 WAV 文件和 CD 格式一样，也是 44.1 kb 的采样频率，速率为 88 kb/s。

7. MP3 格式

所谓 MP3，指的是 MPEG 标准中的音频部分，也就是 MPEG 音频层。MP3 音频编码具有 10∶1~12∶1 的高压缩率，同时基本保持低音频部分不失真，但是牺牲了声音文件中 12 kHz 到 16 kHz 高音频这部分的质量来换取文件的尺寸。相同长度的音乐文件，用 MP3 格式来存储，一般只有 WAV 文件的 1/10，而音质要次于 CD 格式或 WAV 格式的声音文件。由于 MP3 文件同样存在着不同的编码，且不同软件在转换生成 MP3 文件时会采取不同的算法，因此不一定是所有的 MP3 文件都能够被 Premiere 导入，这不是 MP3 文件本身的问题，而是转换软件导致。解决的方法就是使用另外一个软件再次转换一遍。

8. Windows Bitmap(BMP)格式

Windows Bitmap 格式是微软公司为其 Windows 环境设置的标准图像格式，文件扩展名是.bmp。随着 Windows XP 的出现，BMP 文件也开始具备 Alpha 通道信息。但要注意的是，并不是所有的软件都能够导出和读取这种格式的 BMP 文件。例如，Flash 和 Photoshop 都可以输出带 Alpha 通道的 BMP 文件，但这种 BMP 文件就不能被 Combustion 和 After Effects 识别。

9. TGA 格式

TGA 格式是 Truevision 公司为其支持图像的捕捉以及该公司的图形卡而设计的一种图像文件格式，其全称为 Targa 文件格式，文件扩展名是.tga。要在 Premiere 中输出 TGA 文件，需要系统中安装有 QuickTime。TGA 文件也可以附带 Alpha 通道信息，且能够被各种视频软件识别，不像 BMP 格式一样存在兼容性的问题。

10. JPEG 格式

JPEG 是 Joint Photographic Experts Group(联合摄影师专家小组)首字母的缩写，是 Internet 上广为通用的格式之一，文件扩展名是.jpg 或者.jpeg。JPEG 格式的文件采取压缩编码的方式。在各种图形格式转换软件中均提供了 JPEG 转换选项。

11. PSD 格式

PSD 格式是 Adobe Photoshop 专用的图形文件格式。其是目前唯一支持所有可用图像模式(位图、灰度、双色调、索引颜色、RGB、CMYK、Lab 和多通道)、参考线、Alpha 通道、专色通道和图层(包括调整图层、文字图层和图层效果)的格式，因而在各个领域都得到了广泛的运用。PSD

强大的图层处理功能使得它不仅在平面设计上无人能敌，在影视制作上也大显身手。Flash、Premiere、After Effects 均提供了对 PSD 文件格式的良好支持。

12. GIF 格式

GIF 是目前唯一能动的图形文件格式，全称是 Graphic Interchange Format，即图形交换格式。文件扩展名是.gif。原本是由 CompuServe 使用的格式，于 1987 年推出，现在包括 87a 和 89a 两个版本。因为最多支持 256 种颜色，所以文件尺寸非常小，并且能够表现动态的画面，GIF 格式现在是 Internet 上使用最为广泛的标准格式之一。

13. TIF 格式

TIF 格式是一种带标记的图像文件格式，它的英文全名为 Tagged Image File Format，广泛运用于印刷排版，文件扩展名是.tif 或者.tiff。因为它在不同的硬件之间修改和转换十分容易，所以成为 PC 和 Macintosh 之间相互连接最好的格式。文件的可改性、多格式性和可扩展性是 TIF 文件的 3 个突出特点。目前，各种图形处理软件和排版软件均提供了对 TIF 文件的良好支持。

14. PNG 格式

PNG 的英文全名为 Portable Network Graphics(可携带网络图形)，是一种为了适应网络数据传输而设计的图像文件格式，用于取代格式较为简单、专利限制较为严格的 GIF 文件格式，而且在某种程度上，还可以取代格式较为复杂的 TIF 文件，它的文件扩展名是.png。

15. AI 格式

AI 是 Adobe Illustrator 的文件格式，同样附带 Alpha 通道信息。Illustrator 作为著名的设计软件，是广大艺术家最常用的软件之一，Premiere 理所当然地提供了对 AI 文件的良好支持。

2.2.2　导入文件和文件夹

在 Premiere 中导入素材文件，最常见的方法是将其单独导入。导入的素材在 Premiere 的【项目】窗口中是以个体形式独立存在的。

导入素材需要打开【导入】对话框，方法有 3 种，分别如下。

- ◉　执行【文件】|【导入】菜单命令。
- ◉　在键盘上按 Ctrl+I 快捷键。
- ◉　用鼠标双击【项目】窗口中的空白位置。

这时将直接打开【导入】对话框，如图 2-18 所示，从中选择相应的素材文件并单击【打开】按钮即可实现素材的导入。

在选择素材文件时，可以通过按住 Ctrl 键或 Shift 键的方式，同时选择多个素材文件导入【项目】窗口中。

从【导入】对话框中还可以看出，Premiere 不仅能够导入各种格式的文件，还可以导入一个完整的文件夹。

图 2-18 【导入】对话框

在该对话框中选择一个文件夹，然后单击【导入文件夹】按钮即可将该文件夹中所有 Premiere 支持的文件都导入【项目】窗口，如图 2-19 所示。

完成导入操作的同时，在【项目】窗口中会出现一个和所选文件夹同名的【文件夹】(Premiere 内部的文件夹)，如图 2-20 所示。单击该文件夹前的 ▶ 图标，可以看到原文件夹中 Premiere 所支持的文件已经被导入。

图 2-19 导入文件夹

图 2-20 展开文件夹

2.2.3 导入序列图片

所谓序列图片，就是其名称按照一定顺序排列的多个图片，如图 2-21 所示。

序列图片最基本的要求就是格式统一。如果原来有 6 个 JPG 文件，序列图片的范围就是从 sx_01.jpg 到 sx_06.jpg，如果第 4 个文件 sx_04.jpg 变成了 sx_04.gif，如图 2-22 所示，则这个序列图片就被打断了，序列图片的范围变成了 sx_01.jpg 到 sx_03.jpg。

序列图片的第二个要求就是名称具有递增或者递减的数字。有的软件在输出序列图片格式时取名不是按照如图 2-22 所示的从 01 开始计数，而是从 0 或者 1 开始的，即 sx_1.jpg、sx_2.jpg、…、sx_0009.jpg、sx_0010.jpg、…、sx_0019.jpg、sx_0020.jpg、…，以这种命名方式存在的序列图片无法被 Premiere 全部识别。如果选择 sx_1.jpg 作为起始文件，则 Premiere 只能导入 sx_1.jpg、sx_2.jpg、…、sx_9.jpg 总共 9 个文件。遇到这种情况时只能手工进行修改：如果数字的最大位数是 3 位数，则将 sx_1.jpg 改为 sx_001.jpg，将 sx_10.jpg 改为 sx_010.jpg，以此类推；如果数字的最大位数是 4 位数，则将 sx_1.jpg 改为 sx_0001.jpg，将 sx_10.jpg 改为 sx_0010.jpg，将 sx_100.jpg 改为 sx_0100.jpg，以此类推。

图 2-21　序列图片

图 2-22　序列被打断

　　设置好序列图片的格式后就可以在 Premiere 中将其导入了。打开【导入】对话框，首先选择序列图片的起始文件，然后选中【图像序列】复选框，这是导入序列图片的关键，如图 2-23 所示。之后单击【打开】按钮，序列图片将被当作一个单独的动态剪辑出现在【项目】窗口中，如图 2-24 所示。

图 2-23　选中【图像序列】复选框

图 2-24　序列图片出现在【项目】窗口中

2.2.4　导入 Premiere 项目文件

　　除了将各种素材导入 Premiere 中进行编辑外，已经编辑好的 Premiere 项目文件彼此间也可以互为素材。执行【文件】|【导入】菜单命令，在弹出的【导入】对话框中选择一个项目文件，如图 2-25 所示，单击【打开】按钮将其导入。

　　在如图 2-26 所示的【项目】窗口中可以看到，导入的项目文件会被放在一个以所导入的项目文件名命名的文件夹内，其中包含了原项目文件中的所有素材和剪辑序列。用户可以如同运用其他素材一样利用原项目文件中的素材，而不会对原项目文件做任何改变。

图 2-25　导入项目文件

图 2-26　【项目】窗口中的项目同名文件夹

任务 3　管理素材

通常制作比较大型的节目时，用户总想尽可能多地导入素材。而导入素材越多，对素材进行查找就越不方便，需要耗费大量的时间。有效地管理素材可以提高影片编辑效率。

2.3.1　使用文件夹

当项目中所用的素材繁多时，用户可以通过创建文件夹来管理素材。

文件夹是 Premiere 用于管理素材的基本单位，利用文件夹可以将项目中的素材分门别类、有条不紊地组织起来，这对于包含大量素材的项目而言是相当有用的。

用户可以通过以下几种操作之一来创建文件夹。

- 单击【项目】窗口下的【文件夹】图标按钮 。
- 右击【项目】窗口空白处，在弹出的快捷菜单中选择【新建素材箱文件夹】命令。
- 在键盘上按快捷键 Ctrl+/。

所创建的新文件夹将出现在【项目】窗口中，如图 2-27 所示。此时，系统会为新文件夹自动命名。用户也可以修改文件夹的名称，在新建文件夹时，直接在文本框中输入文件夹的名称即可。

如果要将【项目】窗口中的素材放入新建的文件夹内，可以将鼠标移动到素材文件上，同时按下鼠标左键，这时鼠标会变成手形，拖动该素材文件到所要放置的文件夹中并释放，就可以改变素材在【项目】窗口中的位置了。

在【项目】窗口中，双击已经建立好的文件夹图标，就会展开该文件夹，显示出该文件夹中的素材等文件，如图 2-28 所示。

当用户编辑影片需要用到很多素材时，用【项目】窗口中的文件夹来管理素材是一个不错的选择。在【项目】窗口中，用户可以根据需要创建多层次的文件夹结构，就像在 Windows 中使用资源管理器来管理磁盘中的文件一样。

图 2-27　新建文件夹

图 2-28　展开文件夹

　　可以看出，最初的【项目】窗口就像磁盘的根目录，用户可以在这个【根目录】中再创建子目录，就是子文件夹。通过在文件夹间移动素材文件来实现分类管理。一般来说，用户可以按照文件类型来进行分类存放素材。例如，可以在【项目】窗口中建立一个 MPEG 文件夹，然后把所有 MPEG 类型的文件都放到这个文件夹中。另一种常见的分类方法就是按照【时间线】窗口中的序列的不同来存放素材，将同属于一个序列的或者同一个影片片段的素材都放到同一个文件夹中，这样在需要时就可以轻松找到所需要的素材。

　　用文件夹来管理素材，可以使用户从数目繁多的素材中解脱出来，有利于用户以清晰的思路进行影视编辑工作。

　　在【项目】窗口中，用户也可以轻松地删除不需要的文件夹。如果要删除一个或者多个文件夹，可以有以下几种操作方式。

- ◉　选中所要删除的文件夹，执行【编辑】|【清除】菜单命令。
- ◉　选中所要删除的文件夹，在键盘上按 Delete 键。
- ◉　在所要删除的文件夹上右击，从弹出的快捷菜单中选择【清除】命令。
- ◉　选中所要删除的文件夹，单击【项目】窗口下方的【清除】图标按钮。

　　如果要删除的文件夹中有【时间线】窗口中正在使用的素材，系统会打开信息提示对话框，如图 2-29 所示，提示该素材将从【项目】窗口和【时间线】窗口中删除。用户可以根据需要决定是否删除。

图 2-29　删除提示对话框

2.3.2　在【项目】窗口中查找素材

　　当项目中使用的素材不多时，用户可以在【项目】窗口中轻松地找到素材。而在大型的项目中，要使用的素材往往比较多，从中逐一查找素材是比较费时的。这时可以使用【项目】窗口中的【查找】命令来快速查找所需要的素材，如图 2-30 所示。输入关键词后，【项目】窗口中将出现名称中包含该关键词的素材。

查找完成后，若想恢复原状，只需单击【查找】文本框后的 ✕ 按钮即可。

在 Premiere 中还可以对素材进行复杂的查找。单击【项目】窗口底部的【查找】按钮 🔍，打开如图 2-31 所示的对话框。在各项查找属性都选择或者填写完毕后，单击【查找】按钮即可进行素材的定位。可以设定两种查找线索，即主线索和次线索，系统先按照主线索进行查找，如果找不到再按照次线索进行查找。

图 2-30　在【项目】窗口中查找素材

图 2-31　【查找】对话框

2.3.3　使用脱机文件

在影视编辑中，有时会出现编辑所需的素材量非常大，占用很多磁盘空间的现象，或某些素材未采集或者不在本机，这时候，脱机文件将是一个很有用的工具。

用户可以在编辑时使用低分辨率的素材以节省磁盘空间，或者应用脱机文件进行编辑，在最后输出时，再重新采集高分辨率的素材加以替换来保证成品的质量即可。

脱机文件是目前磁盘上暂时不可用的素材文件的占位符，可以记忆丢失的源素材的信息，在实际工作中当遇到素材文件丢失时，不会毁坏已经编辑好的项目文件。若脱机文件出现在【时间线】窗口中，那么在【节目】监视器窗口预览该素材时就会显示媒体的脱机信息，如图 2-32 所示。

当项目文件中的源素材路径被改变时，如素材被删除、移动、重命名等，就会在项目文件中造成素材文件的脱机。这种情况下，Premiere Pro CC 2018 在打开项目文件时会弹出如图 2-33 所示的对话框，通过该对话框可以对素材进行重新定位。用户可以通过重新指定素材的位置来替代源素材。方法是通过单击【查找】按钮，打开 Windows 搜索面板。确定文件所在的路径后在【查找范围】下拉菜单中选择素材所在的文件夹，单击该素材文件，

图 2-32　显示媒体的脱机信息

然后单击【选择】按钮即可。此时，Premiere 将会在该文件夹中继续查找其他脱机文件。

图 2-33　查找已脱机文件

单击【脱机】按钮，可以使得单个素材脱机，而单击【全部脱机】按钮，就可以使得全部未找到的素材脱机。

也可以单击【取消】按钮使其不做任何操作，即暂时变成脱机文件。

在【项目】窗口中，选择脱机文件，执行【项目】|【链接媒体】命令，或者通过右击，在弹出的快捷菜单中选择【链接媒体】命令，同样可以打开如图 2-33 所示的对话框，为单个脱机文件链接媒体。

当用户准备重新采集或者替换某些正在使用中的素材时，应首先选择要变成脱机文件的素材，执行【文件】|【设为脱机】菜单命令，这样会弹出如图 2-34 所示的【设为脱机】对话框，在其中选择是否在硬盘上保留目前所使用的素材文件。

用户还可以手动创建脱机文件。执行【文件】|【新建】|【脱机文件】菜单命令或者单击【项目】窗口底部的【新建项】按钮，在菜单中选择【脱机文件】命令，这样会弹出如图 2-35 所示的【新建脱机文件】对话框，可以在其中填写脱机文件的各项参数。

图 2-34　【设为脱机】对话框

图 2-35　【新建脱机文件】对话框

用户可以随时对脱机文件进行编辑。在【项目】窗口中双击一个脱机文件，就会弹出它的设置对话框，在其中调整必要的选项即可。脱机文件在项目中只是起到占位符的作用，在编辑的节目中是没有实际画面内容的。在输出前要将脱机文件用实际的素材进行定位和替换。

拓展训练

　　本拓展训练主要通过在 Premiere Pro CC 2018 中进行素材的管理，使用户熟悉素材管理的一些基本操作。

　　1）效果说明

　　本例介绍素材的管理，操作效果如图 2-46 所示。

　　2）操作要点

　　本例主要练习如何在【项目】窗口中管理素材，如何使用【图标视图】和【列表视图】查看素材，如何导入素材和文件夹等操作等，熟悉素材管理的基本操作，使得所用素材清晰明了。

　　3）操作步骤

　　(1) 启动 Premiere Pro CC 2018，新建一个名为 "ch02-1" 的项目，选择保存路径，单击【确定】按钮，如图 2-36 所示。

　　(2) 进入 Premiere Pro CC 2018 工作区后，执行【文件】|【导入】命令，在【导入】对话框中双击打开【素材】文件夹，如图 2-37 所示。

图 2-36　　新建项目　　　　　　　　　　　图 2-37　　【导入】对话框

计算机基础与实训教材系列

　　(3) 在键盘上按下 Ctrl+A 快捷键，选中文件夹中的所有素材后，单击【打开】按钮将所有素材导入。可以看到，文件夹中的文件都出现在了【项目】窗口中。但其中的文件夹并没有被导入进来，如图 2-38 所示。

　　(4) 再次执行【文件】|【导入】命令，打开【导入】对话框，选中【剪辑素材】文件夹，单击【导入文件夹】按钮，如图 2-39 所示。

　　(5) 导入后可以看到，在【项目】窗口中出现了一个名字同为【剪辑素材】的文件夹，如图 2-40 所示。

图 2-38　导入素材到【项目】窗口中　　　　图 2-39　选择所要导入的文件夹

(6) 再次打开【导入】对话框，双击【白色小人】文件夹，可以看到该文件夹中的文件是以严格有序的文件名命名的，如图 2-41 所示。下面将它们以序列的形式导入。在对话框中单击第一个图片文件 "01.jpg"，选中【图像序列】复选框后，单击【打开】按钮，可以看到在【项目】窗口中只出现了以 "01.jpg" 命名的素材文件，显示的图标与视频文件相同，如图 2-42 所示。

(7) 单击【项目】窗口下方的【图标视图】按钮██，使素材以图标的方式显示，如图 2-43 所示。

图 2-40　导入【剪辑素材】文件夹　　　　图 2-41　准备导入序列化的文件

图 2-42　导入 "01.jpg" 素材　　　　　图 2-43　以图标的方式显示

(8) 单击【项目】窗口右上角的 ☰ 按钮，打开菜单，选择【浮动面板】命令，使【项目】窗口独立出来，调整其大小，如图 2-44 所示。

(9) 对于【项目】窗口中的素材，可以重新进行命名。

(10) 为了进一步将素材分门别类，用户可以利用文件夹对素材进一步管理。首先执行【窗口】|【工作区】|【重置为保存的布局】命令，单击【项目】窗口下方的【列表视图】按钮 ☰，使素材以列表的方式显示。单击【新建素材箱】按钮 ▭，可以看到【项目】窗口中出现了一个新的文件夹，将其重命名为"城市车流"。

(11) 选中视频"城市车流0085-城市车流 1(夜晚、快速). mov""0086-城市车流 2(快速). mov"和"0087-城市车流 3(快速、夜晚).mov"，然后按住鼠标左键，将其拖到【城市车流】文件夹中，如图 2-45 所示。

图 2-44　调整窗口大小

图 2-45　拖动素材到【城市车流】文件夹中

(12) 新建两个文件夹，分别命名为"音乐"和"视频"。将【项目】窗口中的其他文件和文件夹按照素材的类别分别拖到这个文件夹中，如图 2-46 所示。

(13) 通过整理，【项目】窗口现在变得层次分明，整洁明了，如同使用资源管理器一样。

图 2-46　分类放置素材

习　题

1. 在项目中自定义设置时，哪一种编辑模式可以根据需要设置视频画幅大小？
2. 视频采集卡一般分为哪几种？
3. 系统默认的情况下，序列中视频、音频轨道分别有几条？
4. 导入素材有哪几种方法？
5. 导入素材时，如何导入一个文件夹？
6. 如何创建一个文件夹？

计算机基础与实训教材系列

编辑视频素材

任务 1　剪辑素材

通常在项目中的素材不一定完全适合最终影片的需要，往往要去掉素材中不需要的部分，将有用的部分编入到影片中。在对素材进行剪辑之前先来了解各窗口的功能。

3.1.1　【源】窗口

【源】监视器窗口用于查看和编辑【项目】窗口或者【时间线】窗口中某个序列的单个素材。

双击【项目】窗口中的某个素材,可以打开【源】监视器窗口,如图 3-1 所示。

在【源】监视器窗口中可以根据需要更改素材显示的比例。单击视窗下的【选择缩放级别】下拉按钮 适合 ,可以在弹出的下拉菜单中选择合适的比例,如图 3-2 所示。选择【适合】命令,系统将根据监视器窗口的大小调整素材的显示比例,以显示整个素材。

图 3-1 打开【源】监视器窗口

图 3-2 选择缩放级别

在【源】监视器窗口已经打开的情况下,可以将一个素材由【项目】窗口或者【时间线】窗口直接拖动到【源】窗口中,也可以在【源】窗口中查看素材,而且可以将素材名称添加到素材菜单中。

从【项目】窗口拖动多个素材或者整个文件夹到【源】窗口,或者在【时间线】窗口选择多个素材后双击,也可以同时打开多个素材,但是【源】窗口只能显示最后选择的那一个素材,其他素材会按选择的顺序添加到素材菜单。

在【源】窗口中单击素材名称,弹出的下拉菜单中包含最近查看过的素材的名称列表,通过单击素材名称可快速查看需要的素材。如果是在序列中打开的素材,还可以看出其所在的序列的名称,如图 3-3 所示。

利用【源】窗口的下拉菜单可以清除列表中的素材。

选择【关闭】命令,可以清除当前显示于【源】窗口的素材,然后将显示列表中的第一个素材。

选择【全部关闭】命令,将清除列表中所有的素材。

图 3-3 【源】窗口的下拉菜单

在【源】监视器窗口中不仅可以查看素材,还可以对素材进行编辑。【源】窗口的控制区域包含了一套控制工具,有很多类似于录放机和编控器面板的控制器。各个工具的功能将结合素材剪辑进行讲解。

3.1.2 【节目】窗口

从布局上看，【节目】窗口与【源】窗口非常相似。在功能上，两者也大同小异，所不同的是【源】窗口主要是对源素材进行操作，而【节目】监视器窗口的操作对象则是【时间线】窗口上的序列，如图 3-4 所示。

图 3-4　【节目】监视器窗口

在 Premiere Pro CC 2018 中，【节目】窗口将之前独立的面板集成，例如将之前版本的【参考】监视器窗口集成。在某些情况下，有必要使用两个视图来比较序列的不同帧或查看同一帧在应用效果前后的不同。为此，最好的方法就是使用【参考】监视器窗口，它同【节目】窗口类似。

单击【窗口】按钮，打开如图 3-5 所示的菜单，选择【参考监视器】命令，可以打开【参考】监视器窗口，如图 3-6 所示。

图 3-5　【窗口】菜单

图 3-6　【参考】监视器窗口

将序列中的一帧显示在独立于【节目】窗口的【参考】监视器窗口中，就可以查看两个视图，从而进行比较，如在使用颜色匹配滤镜时。

3.1.3 【修剪剪辑】面板

有时候需要校正序列中两个相邻素材片段的相邻帧，这就需要用到 Premiere 提供的一个非常重要的功能——修剪剪辑，执行【序列】|【修剪剪辑】命令，【节目】监视器面板发生了变化，由原来的一个视图变为两个视图，表明进入了"修剪剪辑"模式，【节目】监视器面板变为【修剪剪辑】面板，如图 3-7 所示。

按下快捷键 Shift+T，同样可以开启"修剪剪辑"功能。

虽然凭借【源】【节目】监视器面板和【时间线】面板就可以完成大部分的剪辑工作，但对于素材片段之间剪接点的精细调整，使用【修剪剪辑】面板效率是最高的。

【修剪剪辑】面板与其他监视器面板有着相似的布局，不过它是一个包含专门控制器的独立面板。【修剪剪辑】面板的左视图显示的是剪接点左边的素材片段，右视图显示的则是剪接点右边的素材片段。用户可以在序列的任何编辑点使用波纹或滚动工具进行编辑来完成精细的剪辑。

图 3-7 【修剪剪辑】面板

使用【修剪剪辑】面板对相邻素材进行精确剪辑，可以非常直观地在面板中看到编辑后的结果，它是一种实用、高效的编辑方法。与设置入点、出点的方法相比较，区别在于修剪剪辑会同时影响相邻的两个素材。

【例 3-1】 对素材进行如下剪辑：将【时间线】上的前 3 段素材的长度分别剪成 10s、7s 和 3s，再将全部视音频精确到 25s。

1) 效果说明

本例的效果是根据 Premiere Pro CC 2018【节目】窗口的提示，将素材长度剪成 10s、7s 和 3s，将视音频精确到 25s。

2) 操作要点

本例主要练习如何使用【工具】面板中的【剃刀】工具，结合【波纹删除】等命令，精确调整素材的长度。

3) 操作步骤

(1) 启动 Premiere Pro CC 2018，新建一个名为"ch03-1"的项目文件。导入"0116-广州景1.MOV""0117-广州景2.MOV""0118-杭州大桥(夜).MOV""0120-建设1(快速).MOV"4个视频文件和"bgmusic.mp3"音频文件。

(2) 按下快捷键 Ctrl+N，在打开的【新建序列】对话框中单击【确定】按钮，新建一个序列。

(3) 在【项目】窗口中，按顺序依次选择"0116-广州景1.MOV""0117-广州景2.MOV""0118-杭州大桥(夜).MOV""0120-建设1(快速).MOV"4个视频文件，将它们拖动到时间线的V1轨道上，选择"bgmusic.mp3"音频文件，将其拖至【音频1】轨道上，如图3-8所示。

图 3-8　适配素材设置

(4) 在【时间线】窗口中将时间线指针移到 00:00:10:00 处，选择工具面板上的【剃刀】工具，确认时间线左侧的【吸附】按钮处于打开状态，在"0116-广州景1.MOV"素材上时间线指针所处位置单击，将其分割成两段，如图3-9所示。

图 3-9　分割素材

(5) 在"0116-广州景1.MOV"素材的后半段上右击，在弹出的快捷菜单中选择【波纹删除】命令，将其删除，后面的素材会自动跟着前移，如图3-10所示。

图 3-10　波纹删除后的素材文件效果

(6) 将时间线指针分别移至第 00:00:17:00 和 00:00:23:00 处，使用【剃刀】工具在"0117-广州景 2.MOV"和"0118-杭州大桥(夜).MOV"素材上时间线指针处单击，将其切开，使用【波纹删除】命令删除其后部分，如图 3-11 所示。

图 3-11　分割和波纹删除其他部分

(7) 将时间线指针移至第 00:00:28:00 处，选择【剃刀】工具，按住 Shift 键的同时在时间线指针处单击，可以将 30s 处的视频和音频素材同时分割开，并将其后的部分删除掉，这样便完成了对素材的剪辑，如图 3-12 所示。

图 3-12　分割素材

(8) 设置完毕后，按 Enter 键，在【节目】监视器窗口中观看最终效果，并保存该项目。

任务 2　三点编辑和四点编辑

所谓三点编辑和四点编辑，都是指剪辑源素材的方法。三点、四点是指素材入点和出点的个数。

3.2.1　三点编辑

在【源】窗口和【节目】窗口中，一共标记了两个入点、一个出点，或者是两个出点、一个入点。三点编辑一般有以下两种方法。

1. 第 1 种方法

(1) 在【时间线】窗口中选择添加视频或音频的目标轨道。

(2) 从【项目】窗口中选择一个素材，将其拖到【源】窗口中，选择编辑类型(视频或音频或视音频)。

(3) 在【源】窗口中设置入点与出点，在【节目】窗口中设置入点。

(4) 单击【源】窗口下方的【插入】按钮或【覆盖】按钮。

2. 第 2 种方法

(1) 在【时间线】窗口中选择添加视频或音频的目标轨道。

(2) 从【项目】窗口中选择一个素材，将其拖到【源】窗口中，选择编辑类型(视频或音频或视音频)。

(3) 在【源】窗口中设置入点，在【节目】窗口中设置入点与出点。

(4) 单击【源】窗口下方的【插入】按钮或【覆盖】按钮。

【例 3-2】 对素材进行三点编辑。

1) 效果说明

本例的效果是在 Premiere Pro CC 2018 中，标记两个入点、一个出点，或者两个出点、一个入点以达到剪辑的目的。

2) 操作要点

本例主要练习如何在【源】窗口和【节目】窗口中设置入点和出点。

3) 操作过程

(1) 启动 Premiere Pro CC 2018，新建一个名为 "ch03-2" 的项目文件。导入素材 "0116-广州景 1.MOV" 和 "0117-广州景 2.MOV"。

(2) 按下快捷键 Ctrl+N，在打开的【新建序列】对话框中单击【确定】按钮，新建一个序列。将 "0116-广州景1.MOV" 拖动到【时间线】窗口中，在弹出的【剪辑不匹配警告】对话框中单击【更改序列设置】按钮。双击 "0117-广州景2.MOV"，在【源】窗口中打开它。

(3) 在【源】窗口中的 00:00:03:17 处设置入点，如图 3-13 所示。

(4) 在【节目】窗口中的 00:00:05:22 和 00:00:08:00 处分别设置入点和出点，如图 3-14 所示。

图 3-13 在【源】窗口中设置入点　　图 3-14 在【节目】窗口中设置入点和出点

(5) 单击【源】窗口中的【插入】按钮，在【时间线】窗口中可以看到，原来在【源】窗口中设置入点之后的 "0116-广州景 1.MOV" 素材，替换了在【节目】窗口中设置入点和出点之间的 "0117-广州景 2.MOV" 部分素材，如图 3-15 所示。

图 3-15 替换素材

(6) 设置完成后，按 Enter 键，在【节目】监视器窗口中观看最终效果，并保存该项目。

3.2.2 四点编辑

【例 3-3】 对素材进行四点编辑。

1) 效果说明

本例的效果是在【源】窗口和【节目】窗口中，标记两个入点、两个出点以达到剪辑的目的。

2) 操作要点

本例主要练习如何在【源】窗口和【节目】窗口中设置入点和出点。

3) 操作过程

(1) 启动 Premiere Pro CC 2018，新建一个名为 "ch03-3" 的项目文件。导入素材 "0116-广州景 1.MOV" "0117-广州景 2.MOV"。

(2) 按下快捷键 Ctrl+N，在打开的【新建序列】对话框中单击【确定】按钮，新建一个序列。将 "0116-广州景 1.MOV" 拖动到【时间线】窗口中，在弹出的【剪辑不匹配警告】对话框中单击【更改序列设置】按钮。双击 "0117-广州景 2.MOV"，在【源】窗口中打开它。

(3) 在【源】窗口中的 00:00:03:17 和 00:00:05:20 处设置入点和出点，如图 3-16 所示。

(4) 在【节目】窗口中的 00:00:05:22 和 00:00:08:00 处分别设置入点和出点，如图 3-17 所示。

图 3-16 在【源】窗口中设置入点和出点

图 3-17 在【节目】窗口中设置入点和出点

(5) 单击【源】窗口中的【插入】按钮 🔛，在【时间线】窗口中可以看到，原来在【源】窗口中设置入点和出点之后的 "0116-广州景 1.MOV" 素材，替换了在【节目】窗口中设置入点和出点之间的 "0117-广州景 2.MOV" 部分素材，如图 3-18 所示。

图 3-18 替换素材

需要注意的是，如果两对标记之间的持续长度不一样，会弹出如图 3-19 所示的【适合剪辑】对话框，为了适配入点与出点间的长度，可按下列设置进行选择。

- ◉ 更改剪辑速度(适合填充)：改变素材的速度以适应节目中设定的长度。
- ◉ 忽略源入点：忽略节目中设定的源入点。
- ◉ 忽略源出点：忽略节目中设定的源出点。
- ◉ 忽略序列入点：忽略节目中设定的入点。
- ◉ 忽略序列出点：忽略节目中设定的出点。

图 3-19 适合剪辑设置

(6) 设置完毕后，按回车键，在【节目】监视器窗口中观看最终效果，并保存该项目。

任务 3 使用【时间线】窗口剪辑素材

在 Premiere Pro CC 中进行影片的剪辑，核心部分就是利用【监视器】窗口和【工具栏】面板中的各种工具在【时间线】窗口对素材进行调用、分割和组合等操作。

3.3.1 【时间线】窗口

【时间线】窗口可以用图解的方式来显示序列的构成，如素材片段在视频和音频轨道中的位置以及上下轨道之间的分布等。

项目中的多个序列可以按标签的方式排列在【时间线】窗口中，用户可以向序列中的任何一个视频轨道添加视频素材，音频素材则要添加到相应类型的音频轨道中去。素材片段之间可以添加转场效果。【视频 2】轨道以及更高的轨道可以用来进行视频合成，附加的音频轨道可以用来混合音频，可以指定每个音频轨道支持的声道类型，并决定如何传送到主音轨。为了得到音频混合处理更高级的控制，可以多次创建音轨。用户可以在【时间线】窗口中完成多项编辑任务，而且可以按照当前任务或者个人喜好来进行定制。

3.3.2 向序列添加素材

在已经采集或者导入素材到 Premiere Pro CC 2018 中后，如何应用这些素材呢？最简单的方法就是选择【项目】窗口中的素材，直接将其拖动到【时间线】窗口中，并添加到某个序列上。

【例 3-4】 创建一个名为"ch03-4"的项目，导入几段素材，分别将素材应用到序列中的轨道上。

1) 效果说明

本例的效果是在 Premiere Pro CC 2018 中导入素材，将素材拖入序列进行剪辑。

2) 操作要点

用不同的方式导入素材，将素材拖入序列时，可以执行【更改序列设置】操作。

3) 操作过程

(1) 启动 Premiere Pro CC 2018，新建一个名为"ch03-4"的项目文件。

(2) 执行【文件】|【导入】命令，打开【导入】对话框，导入"ch03"文件夹中的"0117-广州景 2.MOV""0118-杭州大桥(夜).MOV""0120-建设 1(快速).MOV"和"bgmusic.mp3.mp3"，如图 3-20 所示。

(3) 按下快捷键 Ctrl+N，在打开的【新建序列】对话框中单击【确定】按钮，新建一个序列。在【项目】窗口中选择"0118-杭州大桥(夜).MOV"素材，按住鼠标左键，将其拖动到【时间线】窗口的 V1 轨道上，如图 3-21 所示，然后释放鼠标左键。在弹出的【剪辑不匹配警告】对话框中单击【更改序列设置】按钮。

图 3-20 导入练习素材

图 3-21 添加素材"0118-杭州大桥(夜).MOV"

(4) 使用同样的方法，在【项目】窗口中选择"0120-建设 1(快速).MOV"素材，将其拖动到【时间线】窗口的 V1 轨道上的"0118-杭州大桥(夜).MOV"素材之后，释放鼠标左键，效果如图3-22 所示。

图 3-22　添加素材"0120-建设 1(快速).MOV"

（5）双击打开"0117-广州景 2.MOV"，在【源】窗口中的 00:00:00:00 和 00:00:02:23 处设置入点和出点，将其拖动到 V2 轨道上的 00:00:03:20 处，释放鼠标左键，效果如图 3-23 所示。

图 3-23　在 V2 轨道上放置素材"0117-广州景 2.MOV"

（6）在【项目】窗口中选择"bgmusic.mp3"，按住鼠标左键，将其拖动到【时间线】窗口的 A1 轨道上，释放鼠标左键，效果如图 3-24 所示。

图 3-24　在 A1 轨道上放置素材"bgmusic.mp3"

（7）设置完毕后，按回车键，在【节目】监视器窗口中观看最终效果，并保存该项目。

3.3.3　选择素材

在对轨道上的任何素材进行编辑之前，都需要先选择素材。配合【工具栏】面板上的工具可以在【时间线】窗口进行选择素材的操作。

1. 选择一个或多个素材

在【工具栏】面板中使用【选择】工具，单击轨道上的一个素材。

如果选择对象包含音频、视频，而用户只想选择其中一个，可按住键盘上的 Alt 键，同时使用【选择】工具单击需要的文件部分。

2. 同时选择多个素材

按住 Shift 键，同时使用【选择】工具 ，分别单击多个素材。如果想取消选择某一个素材，按住 Shift 键，再次单击该素材即可。

选择多个素材还可以使用【选择】工具，在【时间线】窗口轨道上拖出一个矩形选框，框选需要选择的多个素材。

3. 选择当前素材后的所有内容

使用【轨道选择】工具单击当前素材，轨道上当前素材后的所有素材都将变为选中状态。用户也可以按下 Shift 键，同时单击当前素材，则当前素材后的所有轨道上的素材都将被选中。

如果只选择音频或视频素材，可以按住 Alt 键，同时选择当前视频或音频中的一个轨道，则当前轨道中选中素材之后的所有音频或视频素材都将被选中。

3.3.4　移动素材

当素材被添加到【时间线】窗口后，用户可以在【时间线】窗口中对素材进行移动，重新排序，这也是经常使用的编辑方法。

在【时间线】窗口移动素材，可以选择轨道中的素材，按下鼠标左键，拖动素材到要移动到的位置，然后释放鼠标左键即可。

移动素材时，确认【时间线】窗口右上角的【吸附】 按钮 被按下，当两个素材贴近时，相邻边缘如同正、负磁铁之间产生吸引力一样，会自动对齐或靠拢。如图 3-25 所示。

图 3-25　吸附素材

当两段素材中间有空白区域时，要将后面一个素材移动到紧贴前一个素材之后，还有另一种方法：单击两个素材之间的空白区域，执行【编辑】|【波纹删除】菜单命令，或执行右键菜单中的【波纹删除】命令，空白区域被删除，空白区域后方的素材会自动补上，不同轨道的素材将同步向空白区域移动。

3.3.5　复制和粘贴素材

在 Premiere Pro CC 2018 中可以使用复制、粘贴命令对素材进行相关操作。

1. 粘贴

(1) 选择素材，执行【编辑】|【复制】命令。

(2) 在【时间线】窗口视频轨道上选择粘贴位置。

(3) 执行【编辑】|【粘贴】命令。

2. 粘贴插入

(1) 选择素材，执行【编辑】|【复制】命令。

(2) 在【时间线】窗口视频轨道上选择目标轨道。

(3) 拖动时间线指针到准备粘贴插入的位置。

(4) 执行【编辑】|【粘贴插入】命令。

3. 粘贴属性

(1) 选择素材，执行【编辑】|【复制】命令。

(2) 在【时间线】窗口视频轨道上选择需要粘贴属性的目标素材。

(3) 执行【编辑】|【粘贴属性】命令，将前一素材的属性复制到当前素材。

任务 4 使用【监视器】窗口剪辑素材

在 Premiere Pro CC 中，用户可以利用【时间线】窗口来进行素材的剪辑。这种剪辑更注重的是处理各种素材之间的关系，特别是位于【时间线】窗口中不同轨道上的素材之间的关系，从宏观上把握各段素材在时间线上的进度。但在很多时候，用户在剪辑素材时更注重的是素材的内容。例如，在出现特定的某一帧画面时对视频素材进行剪辑操作。用户固然可以将【时间线】窗口与【监视器】窗口配合使用来完成这种剪辑操作，但这种方法远不如直接使用【监视器】窗口进行剪辑方便。

使用【监视器】窗口进行剪辑的好处就在于，用户可以通过【监视器】窗口对视频素材每一帧画面的内容了如指掌，从而根据素材内容进行比较精确的设定。其中，【源】窗口可以为影像节目准备素材，也可以编辑一个从影像节目打开的素材片段。【节目】窗口显示了正在创建项目的当前状态，当在 Premiere Pro CC 2018 中播放影像节目时，它就出现在【节目】窗口中。还可以把【节目】监视器窗口看作是【时间线】窗口的替代视图，不过【时间线】窗口显示的素材是基于时间的视图，而【节目】监视器窗口显示的素材是基于帧的视图。

3.4.1 插入和覆盖

利用【源】监视器窗口剪辑素材的具体操作如下。

(1) 将素材"0117-广州景 2.MOV""0118-杭州大桥(夜).MOV""0120-建设 1(快速).MOV"导入，将"0118-杭州大桥(夜).MOV"和"0120-建设 1(快速).MOV"依次拖到【时间线】窗口，如图 3-26 所示。

图 3-26　未进行裁切之前的素材状态

(2) 在【项目】窗口中双击 "0117-广州景 2.MOV"，在【源】监视器窗口中打开它，拖动时间标尺上的指示器，为该素材设置入点和出点，截取一个片段，如图 3-27 所示。

图 3-27　为素材设置入点和出点

(3) 在【源】监视器窗口中，执行下列操作之一。

⦿ 插入。截取片段后，单击【插入】按钮 ，截取片段将插入到【时间线】窗口目标轨道中当前时间线指针所指示的位置，如图 3-28 所示，该位置的素材被分割成两段，插入点之后的素材后移。

图 3-28　利用【插入】按钮裁切之后的素材状态

◉ 覆盖。截取片段后，单击【覆盖】按钮 □，截取片段将插入到【时间线】窗口目标轨道中当前时间线指针所指示的位置，如图 3-29 所示，该位置的素材将被新插入的素材覆盖。

图 3-29   利用【覆盖】按钮裁切之后的素材状态

3.4.2   提升和提取

利用【节目】监视器窗口剪辑素材，具体操作如下。

(1) 将"0118-杭州大桥(夜).MOV""0120-建设 1(快速).MOV"素材导入【时间线】窗口，如图 3-30 所示。

图 3-30   在【时间线】窗口中添加素材

(2) 在【节目】监视器窗口中，单击【播放-停止切换】按钮 ▶ 播放素材，利用播放过程为素材设置入点和出点，如图 3-31 所示，截取一个片段，在【时间线】窗口中显示的结果如图 3-32 所示。

图 3-31   在【节目】窗口中设置入点和出点

图 3-32 设置入点和出点后在【时间线】窗口中显示的结果

(3) 执行下列操作之一。

⊙ 提升。截取片段后,单击【提升】按钮,截取片段将从【时间线】窗口目标轨道中删除,如图 3-33 所示。

图 3-33 利用【提升】按钮裁切之后的素材状态

⊙ 提取。截取片段后,单击【提取】按钮,截取片段将从【时间线】窗口的目标轨道中删除,后面的素材将向前靠拢,填补裁切留下的空白,如图 3-34 所示。

图 3-34 利用【提取】按钮裁切之后的素材状态

任务 5 掌握高级编辑技巧

3.5.1 设置标记点

在 Premiere Pro CC 中,可以通过设置标记来指示一些重要的点,这样有助于定位和安排素材。

在【时间线】窗口中，素材标记在素材中以图标的形式显示，序列标记显示在序列标尺上。用户可以通过标记快速查找标记所在的帧，可以方便地使用两个原本不相关的素材，特别是对视频素材与音频素材同步的处理变得更容易了。通常的做法是，使用素材标记来指定素材中重要的点，使用序列标记来指定序列中重要的点。

使用标记与使用入点和出点非常相似，都能起到标记的作用，但是标记不像素材的入点和出点那样会改变素材的长度，标记点只是单纯地起到标记的作用，并不会更改视频素材。加入单独的标记点只会对这个素材本身产生作用，而添加到序列中的标记点则可以对【时间线】窗口中的素材都产生作用。

标记可以理解为素材片段中的书签，一个标记点标志着这段素材上一个特定的位置。用户可以通过对标记的操作来快速定位素材的位置。用户可以对时间标尺和【时间线】窗口中的每一个素材片段设置各自的标记。

当光标位于【时间线】窗口之内时，时间标尺上对应于光标的位置有一条短竖线，用户可以用下面介绍的方法在时间标尺的游标处设定编号标记或者无编号标记。

1. 标记入点、标记出点

在【时间线】窗口中拖动时间线指针到需要添加标记的位置，在【标记】菜单中选择【标记入点】【标记出点】命令，或者在【时间线】窗口中的时间线指针处右击，弹出【标记】快捷菜单，在其中选择【标记入点】或【标记出点】命令，如图 3-35 所示。

在【时间线】窗口中选中所需素材"0118-杭州大桥(夜).MOV"，将时间线指针拖动到 00:00:00:17 处，单击【设置入点】按钮，再将时间线指针拖动到 00:00:03:04 处，单击【设置出点】按钮，如图 3-36 所示。

图 3-35　【标记】菜单　　　　　图 3-36　设置入点、出点

2. 跳转入点、跳转出点

在【源】监视器窗口中，单击【跳转入点】按钮，移动时间线指针，设置入点，如图 3-37 所示。单击【跳转出点】按钮，移动时间线指针，设置出点，如图 3-38 所示。

图 3-37　跳转入点　　　　　　　　　　　　　　　　图 3-38　跳转出点

3. 添加标记

在【时间线】窗口上拖动时间线指针到需要添加标记的位置，单击【时间线】窗口左侧的【添加标记】按钮，在此位置上添加标记。也可以在【时间线】窗口的时间标尺中需要添加标记的位置上右击，在弹出的快捷菜单中选择【添加标记】命令。

在【时间线】窗口上选中所需素材 "0116-广州景 1.MOV"，将时间线指针拖动到 00:00:01:00 处，单击【添加标记】按钮，再将时间线指针拖动到 00:00:03:00、00:00:07:00、00:00:10:00 处，单击【添加标记】按钮，如图 3-39 所示。

图 3-39　添加标记

4. 清除标记

在【时间线】窗口上选中所需素材 "0118-杭州大桥(夜).MOV"，清除已添加标记中的任意一个，在右键菜单中选择【清除当前标记】命令。当需要一次性清除所有标记时，需要在右键菜单中选择【清除所有标记】命令，如图 3-40 所示。清除所有标记之后的效果如图 3-41 所示。

图 3-40　清除所有标记命令　　　　　　　　　图 3-41　清除所有标记之后的效果

3.5.2 锁定与禁用素材

单击【时间线】窗口上某个轨道左侧的【切换轨道锁定】标记框，标记框内会出现锁的图标，轨道上出现的灰色右斜平行线表示已经将整个轨道上的素材锁定了，如图3-42所示。

图 3-42 锁定轨道上的素材

在 Premiere Pro CC 2018 中，还可以对单独的素材实现禁用。当用户要禁用某段素材时，可以右击该素材，从弹出的快捷菜单中取消选择【启用】选项，被禁用的素材用【节目】监视器窗口预演影片时将不再出现，如图 3-43 所示。但在【时间线】窗口中，该被禁用的素材还是占有一席之地的，随时可以重新启用。

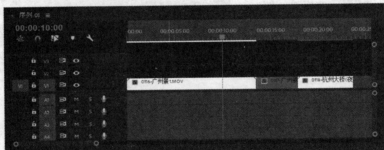

图 3-43 禁用素材

被禁用的素材仍然存在于【时间线】窗口中，用户仍然可以对素材进行移动和切割等操作。被禁用的素材始终占据【时间线】窗口中的部分编辑空间，除非用户将该禁用的素材删除，才会真正在【时间线】窗口上清除该素材。

锁定和禁用素材都是 Premiere Pro CC 2018 中的保护性操作，不过它们的具体作用并不相同。两者最主要的区别在于，锁定的内容不可以被改变，而禁用的内容可以被改变，使用时应该加以区分。

素材的禁用是 Premiere Pro CC 2018 中一项重要的安全性措施。当用户想要删除某段影片中不需要的素材，而又担心删除操作会造成意外影响时，就应该先将该素材禁用，然后对影片进行预演，在确定没有异常的情况下就可以放心地删除这段素材了。

还有一种情况是【时间线】窗口中多条轨道上有多个复合的素材时，为了观察其中一些素材的预演情况，也可以暂时性地禁用某些素材。

3.5.3 帧定格

　　如果用户要在剪辑的持续时间中在屏幕上定格单个静止帧，而允许正常播放它的背景音乐，可以使用【帧定格】功能。

　　在 Premiere Pro CC 2018 中有三个命令可以设置【帧定格】。

　　(1) 右击【时间线】窗口中的某段素材，选择【帧定格选项】命令，则这段素材变为定帧画面，定格的位置有多个选项，如图 3-44 所示。

　　(2) 右击【时间线】窗口中的某段素材，选择【添加帧定格】命令，则当前帧之后的内容定格在该帧，该帧前面的内容继续播放。

　　(3) 右击【时间线】窗口中的某段素材，选择【插入帧定格分段】命令，则将当前帧独立为一个片段，前后内容继续播放。

图 3-44 　【帧定格选项】对话框

3.5.4 素材编组和序列嵌套

　　素材编组也是一个重要的操作。在编辑过程中如果需要对多个素材同时进行操作，最好的选择就是将这些素材编组，作为一个对象使用。编组后的素材不能使用基于素材的命令，如速度调节等。效果也不能添加到编组素材上(编组内部的素材个体可以添加特效)。用户可以修剪群组素材的边缘，这不会影响组内的入点和出点设置。

1. 素材编组

　　选择多个素材，执行【素材】|【编组】命令。

　　要选择编组素材内的一个或多个素材，可以按住 Alt 键，单击其中一个素材或按 Shift+Alt 快捷键，同时选择多个素材。

2. 取消编组

　　选择一个素材编组，执行【素材】|【解组】命令。

　　除了素材编组操作外，用户还可以在一个特定序列中进行素材剪辑，然后把该序列当作一个素材应用到其他序列中，形成序列嵌套，这样可以在各个特定的序列中进行独立编辑。

　　序列嵌套可以是多层嵌套，但是不能相互嵌套。

拓展训练

在影视作品中，经常可以看到一些快慢的镜头效果，恰当地使用这两种镜头可以突出画面的视觉效果。在 Premiere Pro CC 2018 中很容易实现这种效果，只需调整视频轨道中素材的播放速率即可。本拓展训练主要通过制作快慢镜头的实例，使用户熟悉影片剪辑的一些基本操作。

1）效果说明

本例效果是利用 Premiere Pro CC 2018 中的【速度/持续时间】等命令调整视频轨道中素材的播放速率，制作快慢镜头。其最终效果如图 3-56 所示。

2）操作要点

本例主要练习使用【速度/持续时间】命令调整视频轨道素材的播放速率，其应用广泛，掌握它将意义重大。

3）操作步骤

(1) 运行 Premiere Pro CC 2018，打开欢迎界面，执行【新建】|【项目】命令，打开【新建项目】对话框，如图 3-45 所示。在该对话框中，采用默认设置，选择项目的保存路径及输入名称后，单击【确定】按钮。

(2) 执行【文件】|【新建】|【序列】命令，打开【新建序列】对话框。在【序列预设】选项卡中，选择国内电视制式通用的【DV-PAL】|【标准 48 kHZ】，序列名称默认为【序列 01】，如图 3-46 所示，单击【确定】按钮，进入主程序界面。

图 3-45 【新建项目】对话框   图 3-46 【新建序列】对话框

(3) 在【项目】窗口中导入视频素材"城市美景.mp4"，并将其添加到 V1 轨道中，如图 3-47 所示。在弹出的【剪辑不匹配警告】对话框中单击【更改序列设置】按钮。

图 3-47　添加素材

(4) 选择工具栏中的【剃刀】工具，在 V1 轨道的 00:00:15:07、00:01:00:00 处单击，将素材分割成 3 段，如图 3-48 所示。

图 3-48　分割素材 1

(5) 选中第一、三段素材并右击，在弹出的快捷菜单中选择【波纹删除】命令，如图 3-49 所示。

(6) 选中素材并右击，在弹出的快捷菜单中选择【解除视音频链接】命令，解除视频和音频的链接。选择工具栏的【剃刀】工具，分别在 V1 轨道的 00:00:08:12 和 00:00:36:20 处单击(注意，这些都是镜头的连接点)，将素材分割成 3 段，如图 3-50 所示。

图 3-49　执行【波纹删除】命令

图 3-50　分割素材 2

(7) 选中第一段素材并右击，在弹出的快捷菜单中选择【速度/持续时间】命令，如图 3-51 所示。在弹出的【剪辑速度/持续时间】对话框中，将【速度】设置为 60%，单击【确定】按钮，创建慢镜头，如图 3-52 所示。

(8) 选中第二段素材并右击，在弹出的快捷菜单中选择【速度/持续时间】命令，在弹出的【剪辑速度/持续时间】对话框中，将【速度】设置为 400%，单击【确定】按钮，创建快镜头，如图 3-53 所示。

图 3-51　执行【速度/持续时间】命令

图 3-52　设置慢镜头

(9) 此时，在轨道 A1 中，第二段素材会按相应比例缩短。单击工具栏中的【选择工具】按钮，选择第三段素材，将其移动到第二段素材之后，如图 3-54 所示。

图 3-53　设置快镜头

图 3-54　调整素材

(10) 将鼠标移动到 A1 轨道的音频素材结尾处，当鼠标变成如图 3-55 所示的形状时，按下鼠标向左移动，使音频素材与视频素材的结尾处对齐，最终效果如图 3-56 所示。

图 3-55　将鼠标移动到音频素材结尾处

图 3-56　最终效果

(11) 设置完毕后，按回车键，在【节目】窗口中观看最终效果，并保存该项目。

习　题

1. 校正序列中两个相邻素材片段的相邻帧，对素材片段之间的剪接点进行精细调整，观察使用哪种方法剪辑效率最高。

2. 如何同时选择多个素材？

3. 在【工具栏】面板中，【剃刀】工具的快捷键是什么？

4. 如何解除视音频链接？

5. 什么是三点编辑和四点编辑？

6. 【插入】和【覆盖】，【提升】和【提取】之间有何区别？

7. 锁定和禁用素材有何区别？

第4章

视频过渡

学习目标

使用视频过渡效果，可以让一段视频素材以一种特殊的形式变化到下一段视频。合理地使用视频过渡效果将素材组织到一起，可以保持作品的整体性和连贯性，制作出赏心悦目的特技效果。作为一款优秀的非线性编辑软件，Premiere Pro CC 2018 中提供了众多的视频过渡效果。本章将详细介绍运用视频过渡效果的技巧。

本章重点

- ◉ 查找过渡效果
- ◉ 应用视频过渡效果
- ◉ 设置默认视频过渡效果
- ◉ 使用【效果控件】面板

任务 1　了解视频过渡

在讲解视频过渡之前，先来了解一个词"切换"。所谓切换，就是一个素材结束时立即转换成另一个素材，这称为硬切换，也叫无技巧转换。要在 Premiere Pro CC 2018 的两个素材间进行硬切换，只需要在【时间线】窗口的同一条视频轨道上将两个素材首尾相连即可。

在影视制作中，为了更好地保持作品的整体性和连贯性，经常运用有技巧转换。这种让一个素材以某种效果逐渐地转换为另一个素材的手法称为软切换。恰当运用场景的技巧切换，可以制作出一些赏心悦目的特技，大大增强作品的艺术感染力。

4.1.1　查找视频过渡效果

在 Premiere Pro CC 2018 中，要运用视频过渡效果，首先要执行【窗口】|【效果】命令，打

开【效果】面板，如图4-1所示。

在【效果】面板中，单击【视频过渡】前的 ▧ 按钮展开该文件夹，可以看到它包含了几个子文件夹，如图4-2所示。

图4-1 打开【效果】面板

图4-2 展开【视频过渡】文件夹

Premiere Pro CC 2018 中提供了 70 多种视频过渡效果，按类别分别放在这几个子文件夹中，方便用户按类别寻找所需运用的效果。单击某个分类前的 ▧ 按钮可以展开这一文件夹。例如，要打开属于【溶解】这一类型的视频过渡效果，可以单击【溶解】前的 ▧ 按钮展开该文件夹，这时可以看到同属于【溶解】分类的所有视频过渡效果，如图4-3所示。

如果用户知道要运用的视频过渡效果的名称，可以直接在【查找】文本框中输入名称，从而快速找到所需的效果。例如，要查找【划出】效果，可以直接在【查找】文本框中输入"划出"，如图4-4所示。

图4-3 展开【溶解】分类文件夹

图4-4 查找【划出】效果

另外，还可以通过创建一个新的文件夹来存放经常使用的视频过渡效果。

【例4-1】 在【效果】面板中创建一个名为【常用视频过渡效果】的文件夹，用来存放经常使用的视频过渡效果。

1) 效果说明

本例的效果是在 Premiere Pro CC 2018 的【效果】面板中创建一个名为【常用视频过渡效果】的文件夹，用来存放经常使用的视频过渡效果。

2) 操作要点

学习如何创建【自定义素材箱】。

3) 操作过程

(1) 执行【窗口】|【效果】菜单命令，打开【效果】面板，单击右下角的【新建自定义素材箱】按钮■，在面板中就会创建一个文件夹，默认文件夹名称为【自定义素材箱01】，如图4-5所示。

(2) 选中并单击该文件夹，可以对该文件夹进行重命名。在文本框中输入"常用视频过渡效果"文字，更改后效果如图 4-6 所示。

图 4-5　新建自定义素材箱

图 4-6　输入新的文件夹名

(3) 展开【视频过渡】文件夹，选择【滑动】|【拆分】效果，如图 4-7 所示。选中该效果，按住鼠标左键不放，拖动该效果到新建的【常用视频过渡效果】文件夹后，该文件夹的名称区域会变成蓝底白字，如图 4-8 所示，此时可以松开鼠标左键。

图 4-7　选择【滑动】|【拆分】效果

图 4-8　文件夹的名称区域变成蓝底白字

(4) 展开【常用视频过渡效果】文件夹，可以看到【拆分】这一效果已被复制到文件夹中，如图 4-9 所示。

(5) 使用同样的方法，可以把其他常用的效果也复制到该文件夹中，如图 4-10 所示。

图 4-9　添加的【拆分】效果

图 4-10　添加其他常用的效果

用户可以根据需要再新建多个文件夹放入切换效果的快捷方式，也可以根据需要删除这些快捷方式，甚至删除整个文件夹。

要删除某个快捷方式或者某个文件夹,可以选中该快捷方式或者文件夹,单击左下角的【删除自定义项目】按钮 , 在弹出的如图 4-11 所示的【删除项目】对话框中单击【确定】按钮。

图 4-11 【删除项目】对话框

4.1.2 应用视频过渡效果

在【时间线】窗口中的视频轨道上,将一个素材的开头接到另一个素材的结尾,就能实现切换。那么如何进行素材间有技巧的切换效果呢?要产生切换效果,要求两个素材间有重叠的部分,否则就不会同时显示,这些重叠的部分就是前一个素材的出点与后一个素材的入点相接的部分。

在默认状态下,在时间线中放置两段相邻的素材,如果采用的是剪切方式,就是前一段素材的最后一帧与下一段素材的第一帧紧密连接在一起。要为一个场景的变换强调或添加一个特定的效果,就可以添加一个多样化的切换,如【卷页】【缩放】和【擦除】等。可以在【效果】面板中,选择所要应用的切换效果,并将它拖动到两段素材片段首尾相连处,如图 4-12 所示。

图 4-12 应用视频过渡效果到两段素材片段首尾相连处

【例 4-2】 为两段视频素材运用视频过渡效果。

1) 效果说明

本例的效果是在 Premiere Pro CC 2018 中,为两个序列添加过渡效果。

2) 操作要点

学习如何在序列中插入过渡效果。

3) 操作过程

(1) 启动 Premiere Pro CC 2018,新建一个名为"ch04-2"的项目文件。按下快捷键 Ctrl+N,在打开的【新建序列】对话框中单击【确定】按钮,新建一个序列。

(2) 选择【文件】|【导入】命令,打开【导入】对话框,导入"ch04"文件夹中的两个素材: "0085-城市车流 1(夜晚、快速).MOV"和"0086-城市车流 2(快速).MOV",如图 4-13 所示。

(3) 在【项目】窗口中双击素材"0085-城市车流 1(夜晚、快速).MOV",在【源】窗口中的 00:00:00:00 和 00:00:05:00 处设置入点和出点,将素材拖动到【时间线】窗口的 V1 轨道上后释放。在弹出的【剪辑不匹配警告】对话框中单击【更改序列设置】按钮。同样,双击打开素材"0086-城市车流 2(快速).MOV",在【源】窗口中的 00:00:02:00 和 00:00:06:11 处设置入点和出点,拖动该素材到【时间线】窗口的 V1 轨道上后释放。如图 4-14 所示。

图 4-13　导入两段素材

图 4-14　将素材拖到视频轨道上

(4) 打开【效果】面板，在【效果】面板中，选择【视频过渡】|【溶解】|【交叉溶解】命令，如图 4-15 所示。

(5) 将【交叉溶解】效果拖放到 V1 轨道上的两个素材连接处，然后释放鼠标。如图 4-16 所示。

(6) 将时间线指针拖动到两个素材中应用了【交叉溶解】效果的地方，可以在【节目】窗口中看到前一段视频逐渐消失，后一段视频逐渐显现的预演效果，如图 4-17 所示。

图 4-15　选择【交叉溶解】效果

图 4-16　将【交叉溶解】效果应用到两个素材连接处

图4-17 预演【交叉溶解】效果

(7) 在【效果】面板中，还可以选择其他的视频过渡效果，将其拖放到【时间线】窗口上的现有效果上，释放鼠标后原来的视频过渡效果已被替换成新的过渡效果。例如，可以选择【视频过渡】|【划像】|【菱形划像】命令，将【菱形划像】效果拖放到时间线上原来的【交叉溶解】效果上，如图4-18所示。

图4-18 选择【菱形划像】效果替换【交叉溶解】效果

(8) 将时间线指针拖动到两个素材中应用了【菱形划像】效果处，在【节目】窗口中预演，如图4-19所示。

图4-19 预演【菱形划像】效果

(9) 保存项目文件。

任务2 设置视频过渡效果

一般来说，要应用视频过渡效果，可以直接拖动一个效果到【时间线】窗口的素材上。如果用户经常需要使用某个视频过渡效果，可以将其设置为默认效果。当需要使用该默认效果时，可以在前后两段素材的连接处，执行【序列】|【应用视频过渡效果】菜单命令，进行添加。

4.2.1 设置默认视频过渡效果

在默认状态下，Premiere Pro CC 2018会使用【交叉溶解】作为默认视频过渡效果。在【效果】

面板中，默认过渡效果会标以蓝色的轮廓线，如图 4-20 所示。在编辑过程中，如果使用其他的过渡效果更频繁，则可以将它设置为默认过渡效果。当改变默认过渡的设置时，会改变所有项目中的默认设置，但并不影响已经在序列中正在使用的过渡。

改变默认视频过渡效果的操作如下。

在【效果】面板中找到要设置为默认过渡效果的那个效果，如【立方体旋转】，在该过渡效果上右击，单击弹出的【将所选过渡设置为默认过渡】按钮，如图 4-21 所示。

图 4-20　默认过渡效果

图 4-21　更改默认过渡效果

4.2.2　使用【效果控件】面板

视频过渡效果自身带有参数设置，通过更改设置就可以实现视频过渡效果的变化。在【时间线】窗口中选中已经应用的视频过渡效果，执行【窗口】|【效果控件】菜单命令，打开【效果控件】面板，相关的参数设置就会出现在其中。或者在【时间线】窗口中双击某个视频过渡效果，也会直接打开【效果控件】面板，如图 4-22 所示。

图 4-22　视频过渡【效果控件】面板

【效果控件】面板中各选项的功能如下。

- 【播放转场过渡效果】按钮▶：单击后，将在下面的【预演和方向选择】区域中动态或静态地显示视频过渡效果。在该按钮后出现的是关于该效果的描述。
- 【预演和方向选择】区域：预演视频过渡效果，单击视窗边缘的三角按钮▶可以改变视频过渡效果的方向。

- ◎ 【开始】和【结束】视窗：分别对应的是前一个素材和后一个素材，下面对应的三角滑块 ○ 可以改变视频过渡的开始和结束程度，其具体数值在视窗上方显示。
- ◎ 【持续时间】：显示视频过渡效果的持续时间，在数值上拖动或者双击鼠标也可以进行数值调整。
- ◎ 【对齐】：校准视频过渡效果，其中【中心切入】是指视频过渡效果放在两个素材交接处的中间；【开始于切点】是指视频过渡开始点在后一个素材的开始点上；【结束于切点】是指视频过渡结束点在前一个素材的结束点上。还可以手动设置【自定义开始】。
- ◎ 【显示实际源】复选框：选中该复选框，可以在【预演和方向选择】区域以及【开始】和【结束】视窗中显示实际的素材，如图4-23所示。

图 4-23 显示实际素材

- ◎ 【边框宽度】：调整视频过渡效果的边界宽度，默认值是0.0，即无边界。
- ◎ 【边框颜色】：设定边界的颜色。单击颜色图标会打开【拾色器】对话框，进行颜色设置，也可以使用吸管工具在屏幕上选取颜色。
- ◎ 【反向】：选中该复选框，会使视频过渡效果运动的方向相反。
- ◎ 【消除锯齿品质】：对切换效果中两个素材相交的边缘实施边缘抗锯齿效果，有【关】【低】【中】【高】4种等级选择。

另外，在某些转换的设置窗口中还有自定义按钮，它提供了一些自定义参数。例如【划像形状】效果，可以自定义设置【形状数量】，即【宽】和【高】的重复值，还提供了【矩形】【椭圆形】和【菱形】3种形状类型，调整好后单击【确定】按钮即可应用自定义视频过渡效果，如图4-24所示。

在视频过渡参数设置窗口的右侧，以时间线的形式显示了两个素材相互重合的程度以及视频过渡的持续时间，这与以前版本的【时间线】窗口的布局是一致的。单击面板上方的 ≫ 按钮，可以展开或者关闭这个区域。在这个区域可以完成与【时间线】窗口中相一致的操作。

图 4-24 【划像形状设置】对话框

【例4-3】为两段视频素材间的视频过渡效果进行参数设置。

计算机 基础与实训教材系列

1）效果说明

本例的效果是在 Premiere Pro CC 2018 中，为两个素材间添加过渡效果，并设置参数。

2）操作要点

学习如何在素材间添加过渡效果，设置过渡效果的参数。

3）操作过程

(1) 运行 Premiere Pro CC 2018，打开例 4-2 中的项目文件。

(2) 在【效果】面板中，选择【效果】|【视频过渡】|【擦除】|【棋盘】效果，将其拖放到时间线上原来的【菱形划像】效果上，如图 4-25 所示。

图 4-25　选择【棋盘】效果替换【菱形划像】效果

(3) 在【效果控件】面板中选中【棋盘】效果，如图 4-26 所示。

(4) 选中【显示实际源】复选框，再单击【播放切换效果】按钮▶，观看【棋盘】效果预演，如图 4-27 所示。

图 4-26　【效果控件】面板

图 4-27　观看【棋盘】效果预演

(5) 在【边框宽度】选项的数值上拖动鼠标或者单击后输入边框的宽度大小为 1.0。接着单击【边框颜色】选项中的颜色，弹出【拾色器】对话框，如图 4-28 所示。

(6) 在调色板中选择边框的颜色。如选择 RGB 值为40、80、20的绿色，这样过渡效果的边界就会呈现用户所设置大小和颜色的边界了，可以在【节目】窗口中查看，如图4-29所示。

图 4-28 【拾色器】对话框

图 4-29 查看边界的宽度和颜色

(7) 选中【反向】复选框，会使视频过渡效果运动的方向相反。效果如图 4-30 所示。

(8) 在【消除锯齿品质】的下拉菜单中选择【高】，可以看到特效边界变得柔和，如图 4-31 所示。

图 4-30 【反向】后的效果

图 4-31 在【消除锯齿品质】下拉菜单中选择【高】

(9) 单击【自定义】按钮，弹出【棋盘设置】对话框，如图 4-32 所示。在【水平切片】中输入 12，在【垂直切片】中输入 9，单击【确定】按钮，效果如图 4-33 所示。

图 4-33 自定义后的【棋盘】效果

图 4-32 【棋盘设置】对话框

4.2.3 视频过渡效果一览

1. 3D 运动

【3D 运动】视频过渡效果就是将前后两个要运用 3D 运动切换的镜头进行层次化，使人获得三维立体的视觉效果，形成画面上的视觉冲击。

在 Premiere Pro CC 2018 中，【3D 运动】提供了两种视频过渡效果，如图 4-34 和图 4-35 所示。

图 4-34 【立方体旋转】效果

图 4-35 【翻转】效果

2. 划像

【划像】切换类型的影像效果通常是前一个镜头从画面中逐渐由大变小离开，后一个镜头则由小变大进入。【划像】根据前一镜头的退出方向以及后一镜头出现方式的不同，可以有多样化的具体样式。其中最简单的是水平方向或垂直方向的"划像"，恰似舞台上的拉幕效果。一幅画面好似幕布，而另一幅画面则如同舞台上布置的场景，幕布向两边(或向一边)逐渐拉开，或者向上逐渐升起时，便看到了部分场景，直至场景全部显露出来。

Premiere Pro CC 2018 共提供了 4 种类型的【划像】切换，如图 4-36～图 4-39 所示。

图 4-36 【交叉划像】效果

图 4-37 【圆划像】效果

图 4-38 【盒形划像】效果

图 4-39 【菱形划像】效果

3. 页面剥落

【页面剥落】是指在一个画面将要结束的时候将其后面的一系列画面翻转，从而翻出后面的画面的过渡过程。这种表现手法多用于表现空间和时间的转换，常常用于对比前后的一系列画面。影视广告中常常会应用这种过渡效果。

Premiere Pro CC 2018 提供了【翻页】和【页面剥落】过渡效果，如图 4-40 和图 4-41 所示。

图 4-40 【翻页】效果

图 4-41 【页面剥落】效果

4. 溶解

【溶解】在影视编辑中又被称为【叠化】效果，它相当于【淡入】与【淡出】的结合。所谓的【淡入】，就是指一个镜头开始的时候由暗逐渐变亮，一般用于段落或全片开始的第一个镜头，引领观众逐渐进入；所谓的【淡出】，则是在一个镜头结束的时候由亮逐渐变暗，常用于段落或全片的最后一个镜头，可以激发观众回味。将前后两个镜头的淡出和淡入过程重叠在一起便形成了【化】(Dissolve)。即当前一个画面逐渐消失的同时，后一个画面逐渐显现出来，直至完全替代前一个画面的过程称为【化】。【化】也是一种缓慢的渐变过程。画面之间的转换显得非常流畅、自然、柔和，给人以舒适、平和的感觉。如果将两个画面化出化入中间相叠的过程固定，并延续下去，便得到相重叠的效果，称为【叠】(Superimposition)。【叠】可以强调重叠画面内容之间的对列关系。【淡入淡出】效果最重要的参数是视频过渡效果持续时间的长短，这需要根据内容而定。

Premiere Pro CC 2018 共提供了【MorphCut】【交叉溶解】【叠加溶解】【渐隐为白色】【渐隐为黑色】【胶片溶解】和【非叠加溶解】等几种溶解效果，其中部分效果如图 4-42～图 4-46所示。

图 4-42　【交叉溶解】效果

图 4-43　【叠加溶解】效果

图 4-44　【非叠加溶解】效果

图 4-45　【渐隐为白色】效果

图 4-46　【渐隐为黑色】效果

　　【MorphCut】是 Premiere Pro CC 2018 中的一种视频过渡效果，通过在原声摘要之间平滑跳切，帮助用户创建更加完美的访谈。例如在拍摄的一组访谈中，可以将拍摄的被访谈者的视频中的一些"点头""停顿"等小动作删除，再应用【MorphCut】，通过后台计算，可以实现视频的"无缝过渡"。

【胶片溶解】和【交叉溶解】在应用效果上作用类似，但在原理上有所区别，例如连续的 A、B 两段素材，【交叉溶解】是在淡入剪辑 B 的同时淡出剪辑 A，而【胶片溶解】是混合在线性色彩空间中的溶解过渡(灰度系数 = 1.0)。

5. 擦除

【擦除】效果是 Premiere Pro CC 2018 中包含类型最多的一组切换效果。【擦除】过渡效果的共同特征是一个镜头从另一个镜头扫过，且多呈指针旋转，所以通常情况下，可以制作电影片头的倒计时数字，还可以用来制作渐层的效果。

Premiere Pro CC 2018 共提供了 17 种【擦除】视频过渡效果，下面用两张纯色图片演示部分效果，如图 4-47～图 4-53 所示。

图 4-47 【划入】效果

图 4-48 【双侧平推门】效果

图 4-49 【带状擦除】效果

图 4-50 【径向划变】效果

图 4-51 【插入】效果

图 4-52 【油漆飞溅】效果

图 4-53　【风车】效果

　　除了以上演示的效果外，还有【时钟式擦除】【棋盘】【棋盘擦除】【楔形擦除】【水波纹】【渐变擦除】【百叶窗】【螺旋框】【随机块】和【随机擦除】等效果，用户可以根据需要，使用这些效果，本书不再逐一演示。

6. 滑动

　　【滑动】视频过渡效果也是 Premiere Pro CC 2018 中所包含类型较多的一种视频过渡效果，它共包含 5 种效果，如图 4-54～图 4-58 所示。

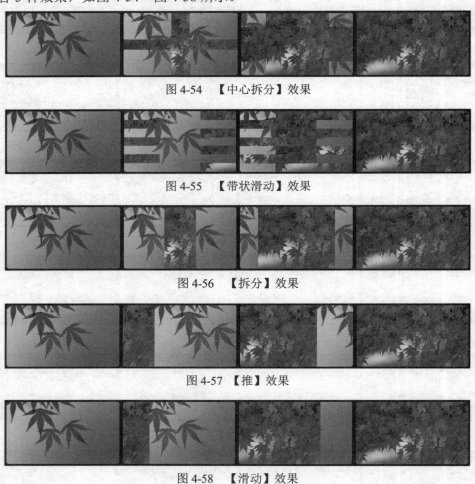

图 4-54　【中心拆分】效果

图 4-55　【带状滑动】效果

图 4-56　【拆分】效果

图 4-57　【推】效果

图 4-58　【滑动】效果

7. 缩放

　　【缩放】视频过渡效果模拟了实际拍摄过程中的镜头的推拉。在 Premiere Pro CC 2018 中提供了【交叉缩放】切换效果，如图 4-59 所示。

图 4-59　【交叉缩放】效果

由于 Premiere Pro CC 2018 支持 VR 视频的剪辑，因此在视频过渡的效果中加入了【沉浸式视频】效果，内含【VR 光圈擦除】【VR 光线】【VR 渐变擦除】【VR 漏光】【VR 球形模糊】【VR 色度泄露】【VR 随机块】和【VR 默比乌斯缩放】等效果。

拓展训练

本拓展训练通过制作【黑场过渡】，让读者熟悉应用视频过渡效果和设置视频过渡效果等知识。在本例中，将使用【渐隐为黑色】视频过渡效果，来实现素材之间黑场过渡的效果。

1) 效果说明

本例的效果是在 Premiere Pro CC 2018 中，为两个素材间添加【渐隐为黑色】过渡效果，实现黑场过渡效果。

2) 操作要点

学习如何在素材中间插入过渡效果，设置过渡效果的参数。

3) 操作过程

(1) 运行 Premiere Pro CC 2018，打开欢迎界面，单击【新建项目】按钮，打开【新建项目】对话框，如图 4-60 所示。在该对话框中，采用默认设置，选择项目的保存路径及输入名称"ch04-4"后，单击【确定】按钮。

(2) 按下快捷键 Ctrl+N，在打开的【新建序列】对话框中单击【确定】按钮，如图 4-61 所示。进入主程序界面。

图 4-60　【新建项目】对话框

图 4-61　【新建序列】对话框

(3) 在【项目】窗口中导入视频素材 "01.mp4" 和 "02.mp4"。将它们分别拖到【时间线】窗口的 V1 轨道中，如图 4-62 所示。在弹出的【剪辑不匹配警告】对话框中单击【更改序列设置】按钮。

图 4-62　导入素材

(4) 在【效果】面板中，选择【视频过渡】|【溶解】|【渐隐为黑色】选项，并将其添加到 "01.mp4" 与 "02.mp4" 素材之间，如图 4-63 所示。

图 4-63　为素材添加【渐隐为黑色】效果

(5) 单击 V1 轨道上的转场，弹出【效果控件】面板。在该面板中，设置【持续时间】为 "00:00:02:00"；将【对齐】设置为 "中心切入"，如图 4-64 所示。

图 4-64　设置【持续时间】及【对齐】参数

(6) 按回车键，在【节目】窗口中，预览最终效果。

(7) 保存项目文件。

习　题

1．【百叶窗】属于哪一类视频过渡效果？

2．默认状态下，Premiere Pro CC 2018 使用哪一种效果作为默认的视频过渡效果？

3．如果需要对大多数甚至全部素材应用默认的切换，最好的办法是使用哪种方式？

4．要在两个素材衔接处加入视频过渡效果，两个素材应如何排列？

5．【溶解】类视频过渡特效有什么作用？它包括哪些切换效果？

6．简述在 Premiere Pro CC 2018 中如何进行视频过渡特效设置。

计算机 基础与实训教材系列

设置运动效果

学习目标

Premiere 虽然不是动画制作软件，但却有强大的运动生成功能。通过运动设定，Premiere 能轻易地将图像(或视频)进行移动、旋转、缩放以及变形等，可让静态的图像产生运动效果。本章详细介绍利用 Premiere Pro CC 2018 制作视频动画的技巧，详细讲解如何给素材添加运动效果，如何设置运动路径以及如何使素材产生移动、旋转、缩放等不同效果。

本章重点

- ◉ 【运动】效果选项
- ◉ 设置运动路径
- ◉ 控制运动速度
- ◉ 控制图像大小比例
- ◉ 设置旋转效果

任务 1　运动效果基本设置

影视节目与其他艺术类型的不同之处在于它不拘一格的运动形式。从拍摄本身来讲，它就是对运动主体的真实记录和艺术化的反映。众所周知，电影是以每秒 24 帧的速率放映的，由于存在"视觉暂留"现象，在某个视像消失后，它仍然会在视网膜上滞留 0.1～0.4 秒，因此这 24 张具有连贯性静态画面的播放，展现在观众眼前便宛如真实的运动了。而电视由于制式的不同，在中国和一些欧洲国家以每秒 25 帧(PAL 制式)的速率播放，在欧美的另一些国家则是以每秒 30 帧(NTSC 制式)的速率播放的。

这里讲述的视频运动是一种后期制作与合成中的技术，而不是拍摄层面或者播放层面的概念。Premiere Pro CC 2018 中，对视频运动的设置是在特效控制面板中进行的，这种运动设置建立在关键帧的基础上。这里的运动是针对视频的，包括视频在画面上的运动、变形、缩放等效果。在视频运动中，也可以结合前面学习的内容综合运用，实现更为复杂的画面效果。

【运动】效果是 Premiere 中专门对片段进行运动设置的。【运动】效果通过设置一条运动路径来对片段进行运动设置，用户可以在【节目】监视器窗口内移动剪辑，但是只能对剪辑本身应用运动，而不能对剪辑的特定部分应用运动。

5.1.1 【运动】效果选项

在 Premiere Pro CC 2018 中，对剪辑运动的设置是通过【效果控件】面板来进行的，每段应用到【时间线】窗口中的视频剪辑都会有【运动】效果应用在其中，【运动】效果的设置要涉及多种属性的设置：【位置】【缩放】【旋转】【锚点】和【防闪烁滤镜】。

选中【时间线】窗口中的素材，执行【窗口】|【效果控件】菜单命令，可以打开【效果控件】面板。然后单击【运动】前面的三角形按钮，展开【运动】效果，如图 5-1 所示。其中各选项的功能如下。

图 5-1 【效果控件】面板

- ◉ 【位置】：当前对象中心点所在的位置。可以把鼠标移动到后面的坐标值上，按下鼠标左键，向左右拖动鼠标即可改变位置的坐标值，也可以在该数值上双击，然后直接输入数值。
- ◉ 【缩放】：指定当前对象显示的尺寸相对于原始尺寸的百分比值。如果选中后面的【等比缩放】复选框，那么表示当前对象的长宽比不变，即长和宽同时改变；如果未选中【等比缩放】复选框，那么【缩放】变成【缩放高度】，同时激活下面的【缩放宽度】选项，可以单独调整长和宽的显示比例。大于 100% 表示放大，小于 100% 表示缩小。
- ◉ 【旋转】：指定当前对象的旋转角度。可以把鼠标移动到后面的角度值上，按下鼠标左键，向左右拖动鼠标即可改变旋转的角度值，也可以在该数值上双击，输入数值设置旋转角度。此外，还可以展开【旋转】选项进行手动调节。
- ◉ 【锚点】：该点是图像旋转的中心点，以相对于图像左上角的坐标值表示。
- ◉ 【防闪烁滤镜】：指定当前对象在执行运动、变形、缩放等效果时的清晰程度。

5.1.2　设置运动路径、控制图像大小比例

　　仅仅利用这些选项是无法完成运动效果的，还必须加入关键帧技术的支持。利用关键帧技术，配合运用【效果控件】面板和【节目】监视器窗口，可以为素材片段设置运动路径，改变比例大小。

　　【例 5-1】为图片设置运动效果，利用关键帧设置运动路径。

　　1）效果说明

　　本例的效果是在 Premiere Pro CC 2018 中，为图片设置运动效果，利用关键帧设置运动路径。

　　2）操作要点

　　学习如何在【效果控件】面板中，通过改变【位置】参数和添加关键帧达到运动效果和改变图像比例大小。

　　3）操作过程

　　(1) 运行 Premiere Pro CC 2018，打开欢迎界面，单击【新建项目】按钮，打开【新建项目】对话框。在该对话框中，采用默认设置，选择项目保存的路径及输入名称"ch05-1"后，单击【确定】按钮，进入主程序界面。执行【文件】|【新建】|【序列】命令，此时系统将弹出【新建序列】对话框。单击【设置】选项卡，如图 5-2 所示，设置【编辑模式】为【自定义】，画面大小为 352 px×288 px，【像素长宽比】为"方形像素(1.0)"，序列名称默认为"序列 01"，单击【确定】按钮。

图 5-2　新建项目和新建序列设置

　　(2) 执行【文件】|【导入】命令，打开【导入】对话框，导入图片素材"池塘.jpg""青蛙.png"和"蝴蝶.png"，如图 5-3 所示。

　　(3) 将【项目】中的"池塘.jpg"和"青蛙.png"素材文件分别拖动到【时间线】窗口的 V1 和 V2 轨道上，调整【时间线】窗口，如图 5-4 所示。

图 5-3　导入图片素材

图 5-4　分别在 V1 和 V2 轨道上放置素材

（4）选中 V2 轨道上的"青蛙.png"素材，在【效果控件】面板中，可以看到【运动】效果作为默认选项出现在了【效果控件】面板中，单击前面的三角形按钮，展开【运动】选项，并调整图片【缩放】值为 26，使其大小比例适合背景图片，如图 5-5 所示。

图 5-5　【效果控件】面板中的【运动】选项

(5) 在【效果控件】面板中，单击【运动】
选项，在【节目】监视器窗口中将出现该素
材片段的控制框，这样就可以在【节目】监
视器窗口中对素材片段的位置进行调整，如
图 5-6 所示。

(6) 在【节目】监视器窗口中，拖动"青
蛙.png"到右上角，或者在【位置】参数中
直接输入"1724.0、294.0"，也就是说该素材
片段将从右上角开始运动。然后在【效果控
件】面板中按下【位置】参数左边的动画切
换按钮⬛，为素材片段添加关键帧，这时在
【效果控件】面板中的右侧区域就会增加关键
帧的控制点，如图 5-7 所示。

图 5-6　素材片段的控制框

图 5-7　设置运动起始位置的关键帧

(7) 将时间线指针移到【时间线】窗口中的 00:00:00:07 处，然后拖动"青蛙.png"，将【位置】
参数设置为"1657.0、262.0"。再将时间线指针移到【时间线】窗口中的 00:00:00:13 处，拖动"青
蛙.png"到下方荷叶，或者在【位置】参数中直接输入"1586.0、547.0"，完成一次跳跃，接着依
次在 00:00:00:23 处输入"1162.0、462.0"，在 00:00:01:08 处输入"906.0、751.0"，实现该素材片
段从右上角到左下角的跳跃。

(8) 选中 V2 轨道上的"青蛙.png"素材，在【效果控件】面板中，在最后一个关键帧上调整
其【缩放】值为 45，使其大小比例合适，完成从后往前的青蛙的跳跃运动如图 5-8 所示。

(9) 保存项目文件。

图 5-8　设置运动结束位置的关键帧

5.1.3　使用句柄控制运动路径

在设置运动路径时，还可以利用关键帧控制点为素材片段的运动路径进行进一步设置。使用句柄，可以随心所欲地为运动设置更加复杂的路径。

【例 5-2】　为图片设置关键帧控制点，使用句柄设置复杂运动路径。

1）效果说明

本例的效果是在 Premiere Pro CC 2018 中，对图片运动效果进行进一步设置，使用句柄设置复杂运动路径。

2）操作要点

学习如何在【效果控件】面板中，通过句柄设置复杂运动路径。

3）操作过程

(1) 启动 Premiere Pro CC 2018，打开例 5-1 保存的 "ch05-1" 项目文件，另存为 "ch05-2"。

(2) 将时间线指针移到 00:00:01:09 处，在【节目】监视器窗口中，用户可以看到在关键帧控制点附近出现了句柄控制点，将鼠标移动到句柄控制点上时，鼠标变成了▶状，可以看到，整个运动路线不自然，如图 5-9 所示。

(3) 用鼠标拖动句柄，使运动的路径变得平滑，如图 5-10 所示，不断播放并进行调整，直到得到满意的效果。

图 5-9　句柄控制点

图 5-10　拖动句柄控制点改变素材运动的路径

(4) 保存项目文件。

5.1.4　预览运动效果

在设置完素材的运动路径后，用户可以在【节目】监视器窗口中预览运动的效果，然后再根据预览结果决定是否对运动效果进行进一步调整。

要预览运动效果，可以按下空格键预演整个影片。但当剪辑比较长的影片，而运动效果只是一小段时，可以用鼠标来回拖动时间线指针的方式浏览，这时素材也将在【节目】监视器窗口中动起来，这样预览将快速有效。

预览例 5-2 设置的运动效果，如图 5-11 所示。

图 5-11　青蛙由远到近的跳跃效果

任务 2　控制运动的高级设置

利用关键帧技术，不仅可以设置素材运动的路径，还可以对运动的速度、图像大小的比例变化和旋转效果等进行更高级的设置。

5.2.1　控制运动速度，设置旋转效果

在 Premiere 中，没有专门的设置运动速度的选项，但是通过关键帧的设置完全可以实现画面的变速运动。

【例 5-3】　调整关键帧控制点，控制运动速度。

1) 效果说明

本例的效果是在 Premiere Pro CC 2018 中，通过改变关键帧设置实现变速运动。

2) 操作要点

学习如何在【效果控件】面板中，使用关键帧设置实现变速运动。

3) 操作过程

(1) 启动 Premiere Pro CC 2018，打开例 5-2 保存的 "ch05-2" 项目文件，另存为 "ch05-3"。

(2) 将【项目】窗口中的 "蝴蝶. png" 素材文件拖动到【时间线】窗口的 V3 轨道上，调整【时间线】窗口的显示，将 00:00:01:19 作为动画开始时间。

(3) 根据前面的青蛙跳跃案例，制作蝴蝶的运动动画，再将时间线指针移到【时间线】窗口中的 00:00:02:09 处，然后拖动 "蝴蝶.png"，在其【位置】参数中直接输入 "253.0、256.0"。再将时间线指针移到【时间线】窗口中的 00:00:03:01 处，之后拖动 "蝴蝶. png" 到上方，或者在【位置】参数中直接输入 "597.0、101.0"，完成一次跳跃，接着依次在 00:00:03:12 处输入 "827.0、360.0"，在 00:00:04:04 处输入 "1159.0、204.0"，完成运动路径后，在【节目】窗口中拖动句柄，使运动更加平滑、自然，如图 5-12 所示。

(4) 选中 V3 轨道上的 "蝴蝶.png" 素材，在【效果控件】面板中，在第一个关键帧上调整其【缩放】值为 60，在最后一个关键帧上调整其【缩放】值为 100。

(5) 选中 V3 轨道上的 "蝴蝶.png" 素材，在【效果控件】面板中，展开【运动】选项中的【位置】选项，可以看到每两个关键帧之间的具体速度值，如图 5-13 所示。

图 5-12　拖动句柄

图 5-13　拖动关键帧控制点改变素材的运动速度

(6) 在【效果控件】面板右侧关键帧控制点下的曲线，表示的是速度变化的路径，也可以通

过句柄控制制作出更复杂的速度变化，如图 5-14 所示。

图 5-14 通过句柄控制运动的速度

(7) 保存项目文件。

5.2.2 设置旋转效果

设置运动效果时，可以通过设置【旋转】选项的参数并结合关键帧来创建旋转效果。

【例 5-5】 调整不同时刻的素材【旋转】选项的参数，控制素材的旋转效果。

1) 效果说明

本例的效果是在 Premiere Pro CC 2018 中，为图片添加【旋转】关键帧，达到旋转变化的效果。

2) 操作要点

学习如何在【效果控件】面板中，添加【旋转】关键帧以达到旋转变化的效果。

3) 操作过程

(1) 选中 V3 轨道上的 "蝴蝶.png" 素材，执行【窗口】|【效果控件】菜单命令，打开【效果控件】面板，展开【运动】选项中的【旋转】选项，将时间线指针移到【时间线】窗口中的开始位置，然后按下【旋转】选项左边的动画切换按钮 ，为素材片段添加【旋转】关键帧。

(2) 将时间线指针移到 00:00:01:19 的位置，调整【旋转】参数为 "81.0"，创建关键帧的控制点，如图 5-15 所示。

(3) 将时间线指针移到 00:00:02:09 的位置，调整【旋转】参数为 "-1.0"，创建关键帧的控制点，如图 5-16 所示。

图 5-15 添加【旋转】关键帧 1

图 5-16 添加【旋转】关键帧 2

(4) 将时间线指针移到 00:00:03:01 的位置，调整【旋转】参数为 "-35.0"，创建关键帧的控制点，如图 5-17 所示。

　　(5) 将时间线指针移到 00:00:03:12 的位置，调整【旋转】参数为 "4.0"，创建关键帧的控制点；将时间线指针移到 00:00:04:04 的位置，调整【旋转】参数为 "25.0"，创建关键帧的控制点，如图 5-18 所示。

图 5-17　添加【旋转】关键帧 3　　　　　　图 5-18　添加【旋转】关键帧 4，5

　　(6) 预览旋转效果，如图 5-19 所示。最后，保存项目文件。

图 5-19　预览素材旋转效果

拓展训练

　　本拓展训练通过制作"古都南京"，使读者熟悉运动效果的基本设置和操作。

　　1) 效果说明

　　本例的效果是在 Premiere Pro CC 2018 中，为图片添加关键帧，让读者熟悉【效果控件】的使用。效果如图 5-20 所示。

图 5-20　效果图

　　2) 操作要点

　　熟练操作和使用效果变化，以实现各种运动效果。

　　3) 操作过程

　　(1) 运行 Premiere Pro CC 2018，打开欢迎界面，单击【新建项目】按钮，打开【新建项目】

对话框，如图 5-21 所示。在该对话框中，采用默认设置，选择项目保存的路径及输入名称"ch05-6"后，单击【确定】按钮，进入主程序界面。执行【文件】|【新建】|【序列】命令，此时系统将弹出【新建序列】对话框。

(2) 单击【设置】选项卡，设置【编辑模式】为【自定义】，画面大小设定为 600 px × 400 px，【像素长宽比】为【方形像素(1.0)】，序列名称默认为【序列 01】，如图 5-22 所示。

图 5-21　【新建项目】对话框

图 5-22　【设置】选项卡

(3) 选择菜单【编辑】|【首选项】|【常规(G)】命令，打开【首选项】对话框，设置【静止图像默认持续时间】为【125 帧】，如图 5-23 所示。在【项目】窗口中导入素材文件夹中的所有图片"1.jpg"~"10.jpg"。

图 5-23　修改图片的视频持续时间

(4) 将"1.jpg"~"3.jpg"同时选中，并拖到【时间线】窗口中的 V1 轨道上。选择"1.jpg"，在【效果控件】面板中，展开【运动】特效，并单击【运动】特效以显示控制框。设置【位置】

的值为 "720.0,540.0"，在 00:00:00:00 处，单击【缩放】属性前的码表 ，修改【缩放】的值为 "163.0"，新建一个关键帧。在 00:00:04:14 处，修改【缩放】的值为 "255.0"，以修改一个关键帧，形成图片由近及远的动画效果，如图 5-24 所示。

图 5-24 第一张图片的动画设置

（5）选择 "2.jpg"，在【效果控件】面板中，展开【运动】特效，并单击【运动】特效，此时，在【节目】窗口中就会看见图片控制框。在 00:00:05:12 处，设置【位置】的值为 "1124.0,479.0"，单击【位置】属性前的码表 ，新建一个关键帧。在 00:00:10:11 处，修改【位置】属性的值为 "363.0,479.0"，此时会自动生成一个关键帧。由此就形成了图片从左到右的动画效果，如图 5-25 所示。

图 5-25 第二张图片的动画设置

（6）选择 "3.jpg"，在【效果控件】面板中，展开【运动】特效，并单击【运动】特效以显示控制框。设置【缩放】的值为 "314.0"，在 00:00:11:04 处，单击【缩放】属性前的码表 ，新建一个关键帧。在 00:00:13:10 处，修改【缩放】的值为 "161"，以修改一个关键帧，形成图片由远及近的动画效果，如图 5-26 所示。

图 5-26 第三张图片的动画设置

(7) 在【时间线】窗口中将时间线指针移动到 00:00:13:12 处,在【项目】窗口中选择 "4.jpg",将之拖到 V2 轨道上,并将 V1 轨道上的 "3.jpg" 的持续时间再延长 5s。选择 "4.jpg",在【效果控件】面板中,展开【运动】特效,并单击【运动】特效以显示控制框。设置【位置】的值为 "1709.0,534.0", 设置【缩放】的值为 "47.0"。在 00:00:13:12 处,单击【位置】属性前的码表 ,新建一个关键帧。在 00:00:18:12 处,修改【位置】的值为 "-285.0,535.0",形成图片从左到右的动画效果,如图 5-27 所示。

图 5-27 第四张图片的动画设置

(8) 在【时间线】窗口中将时间线指针移动到 00:00:15:12 处,在【项目】窗口中选择 "5.jpg",将之拖到 V3 轨道上,并将 V1 轨道上的 "3.jpg" 和 V2 上的 "4.jpg" 的持续时间各延长 5s。选择 "5.jpg",在【效果控件】面板中,展开【运动】特效,并单击【运动】特效以显示控制框。设置【位置】的值为 "1709.0,535.0", 设置【缩放】的值为 "72.0"。在 00:00:15:12 处,单击【位置】属性前的码表 ,新建一个关键帧。在 00:00:20:12 处,修改【位置】的值为 "-285.0,535.0",形成图片从左到右的动画效果,如图 5-28 所示。

图 5-28　第五张图片的动画设置

(9) 在【时间线】窗口中单击左边的空白处，在弹出的快捷菜单中选择【添加轨道…】命令，在弹出的对话框中设置添加 3 条视频轨道，1 条音频轨道，0 条音频子混合轨道，如图 5-29 所示。

(10) 在【时间线】窗口中将时间线指针移动到 00:00:17:12 处，在【项目】窗口中选择 "6.jpg"，将之拖到 V4 轨道上，并将 V1 轨道上的 "3.jpg"、V2 轨道上的 "4.jpg" 及 V3 轨道上的 "5.jpg" 的持续时间各延长 5s。选择 "6.jpg"，在【效果控件】面板中，展开【运动】特效，并单击【运动】特效以显示控制框。设置【位置】的值为 "1709.0,535.0"，设置【缩放】的值为 "61.0"。在 00:00:17:12 处，单击【位置】属性前的码表，新建一个关键帧。

图 5-29　添加视频轨道

在 00:00:22:12 处，修改【位置】的值为 "-285.0,535.0"，形成图片从左到右的动画效果，如图 5-30 所示。

图 5-30　第六张图片的动画设置

（11）在【时间线】窗口中将时间线指针移动到 00:00:19:12 处，在【项目】窗口中选择 "7.jpg"，将之拖到 V5 轨道上，并将 V1 轨道上的 "3.jpg"、V2 轨道上的 "4.jpg"、V3 轨道上的 "5.jpg" 及 V4 轨道上的 "6.jpg" 的持续时间各延长 5s。选择 "7.jpg"，在【效果控件】面板中，展开【运动】特效，并单击【运动】特效以显示控制框。设置【位置】的值为 "1709.0,535.0"，设置【缩放】的值为 "70.0"。在 00:00:19:12 处，单击【位置】属性前的码表 ，新建一个关键帧。在 00:00:24:12 处，修改【位置】的值为 "-285.0,535.0"，形成图片从左到右的动画效果，如图 5-31 所示。

图 5-31　第七张图片的动画设置

（12）在【时间线】窗口中将时间线指针移动到 00:00:21:12 处，在【项目】窗口中选择 "8.jpg"，将之拖到 V6 轨道上，并将 V1 轨道上的 "3.jpg"、V2 轨道上的 "4.jpg"、V3 轨道上的 "5.jpg"、V4 轨道上的 "6.jpg" 及 V5 轨道上的 "7.jpg" 的持续时间各延长 5s。选择 "8.jpg"，在【效果控件】面板中，展开【运动】特效，并单击【运动】特效以显示控制框。设置【位置】的值为 "1709.0,535.0"，设置【缩放】的值为 "70.0"。在 00:00:21:12 处，单击【位置】属性前的码表 ⊙，新建一个关键帧。在 00:00:26:12 处，修改【位置】的值为 "-285.0,535.0"，形成图片从左到右的动画效果。另外，在所有图层结尾添加【效果】面板中的【视频过渡】|【溶解】|【渐隐为黑色】效果，如图 5-32 所示。

图 5-32　最后一张图片的动画设置

（13）在【项目】窗口中选择音乐素材 "- ほたる火.mp3"，选取时间为 00:00:29:23 到

00:00:57:14，将之拖入 A1 轨道，并用▓钢笔工具在结尾设置关键点做音频过渡。在 V1 轨道的"1.jpg"和"2.jpg"，"2.jpg"和"3.jpg"中间添加【效果】面板的【交叉溶解】效果，完成综合案例，如图 5-33 所示。

图 5-33　综合案例整体效果

(14) 单击【时间线】窗口，按空格键或回车键浏览效果，最后执行【文件】|【保存】命令，保存项目文件。

习　题

1. 【运动】效果的设置要涉及哪些属性？
2. 如何改变素材的长宽比例？
3. 【运动】选项中的【旋转】值是根据什么来计算的？
4. 如何改变素材的运动速度？
5. 简述创建运动效果的原理。
6. 简述应用运动效果的步骤和要点。

第6章

使用视频特效

学习目标

　　使用过 Photoshop 的用户不会对滤镜感到陌生。通过各种特技滤镜，可以对图片素材进行加工，为原始图片添加各种各样的特效。在 Premiere 中，用户也可以使用各种滤镜(称为"视频特效")为影片添加有创意的风格，解决曝光度或颜色问题，使图像产生动态的扭变、模糊、风吹、幻影等效果，从而增强影片的吸引力。

　　Premiere 提供的预设效果使用户可以将预配置的效果快速且轻松地应用于素材。用户可以使用软件自带的预设，也可以通过调整数值和设置动画参数的方式自己创建预设，并在之后的剪辑中运用自己创建的预设。

　　本章通过对视频特效的详细介绍，使读者掌握在 Premiere Pro CC 2018 中根据需要为影片添加视频特效的方法。

本章重点

- ◉　视频特效基础知识
- ◉　查找视频特效
- ◉　添加视频特效
- ◉　删除视频特效
- ◉　设置视频特效随时间而变化

任务1　视频特效基础知识

　　编辑影片(整理、删除和裁切剪辑)后，可以通过将视频特效应用于视频剪辑来为其增光。例如，视频特效可以改变素材的曝光度或颜色，扭曲图像或增加艺术感。

　　所有视频特效都被预设为默认设置，因此用户在应用视频特效后立刻就能看到其效果，并可以更改设置以达到需要应用的效果，还可以使用效果来旋转剪辑或为剪辑设置动画，或者调整其在帧中的大小和位置。

Premiere Pro CC 2018 中提供了多种预设的效果，可用于快速更改用户的素材。大多数效果都有可调整的属性，但某些效果(如【黑白】)没有这些属性。

6.1.1 视频特效

Premiere 中的视频特效是使素材产生特殊效果的有力工具，其作用和 Photoshop 中的滤镜相似。最初 Premiere 也将视频特效称为滤镜，从 Premiere Pro CS 开始采用 After Effects 的叫法，并将原来 After Effects 使用的一些视频特效引入了 Premiere，使得 Premiere 视频特效的功能更加强大。Premiere Pro CC 2018 中包含了大量的滤镜，用于改变或者提高视频画面的效果，通过应用滤镜，可以使得图像产生模糊、变形、构造、变色以及其他滤镜效果。

6.1.2 关键帧

【关键帧(Keyframe)】是 Premiere 中极为重要的概念，通常使用的视频特效都要设置几个关键帧。每个关键帧的设置都要包含视频特效的所有参数值，最终将这些参数值应用到视频片段的一个特定的时间段中，通过这些关键帧来控制一定时间范围的视频剪辑，从而也就实现了控制视频特效效果的目的。

在应用视频特效时，Premiere 自动在两个关键帧之间设置线性增益的参数，从而可以获得流畅的画面播放效果。所以通常情况下，只需在一个片段上设置几个关键帧就可以控制整个片段的特效效果了。

任务 2　应用视频特效

6.2.1 查找视频特效

在【效果】面板中，单击【视频效果】文件夹前的三角按钮，展开该文件夹可以看到它包含了 19 个子文件夹。如图 6-1 所示。

Premiere Pro CC 2018 中提供了 130 多种视频特效，按类别分别放在这 19 个子文件夹中，以方便用户按类别找到所需运用的效果。单击某个分类前的按钮，展开该分类，可以看到同属于该分类的所有效果，如图 6-2 所示。

与视频过渡效果一样，如果用户知道要运用的视频特效的名称，可以直接在【效果】搜索框中输入要运用的视频特效名称，这样就可以快速找到所需的效果，如图 6-3 所示。

图 6-1　【视频效果】分类

图6-2 展开分类夹

图6-3 查找效果

同样，用户还可以通过新建一个文件夹来存放经常使用的视频特效。

6.2.2 添加视频特效

视频特效都放在【效果】面板的【视频效果】分类夹下。为素材应用特效主要采用以下两种方法。

1. 在【时间线】窗口上应用

从【效果】面板中选择特效，将其拖放到【时间线】窗口中的素材上，如图6-4所示。

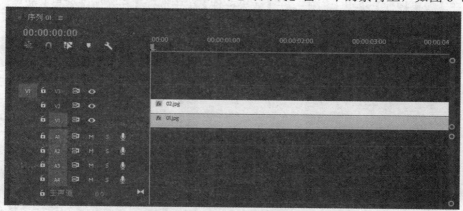

图6-4 将特效拖放到【时间线】窗口中的素材上

可以看到，应用了特效的素材片段上原本灰色的 ⟨fx⟩ 有了颜色的变化。

2. 在【效果控件】面板上应用

在【时间线】窗口中选中要应用视频特效的素材后打开【效果控件】面板，然后从【效果】面板中选择特效，将其拖放到【效果控件】面板中，被选中的素材就应用了该特效，如图 6-5 所示。

当一个素材被应用了多个特效时，还可以调整各个特效之间的位置关系。

将光标移动到要改变位置的特效名称处，按下鼠标左键并向下(向上)拖动到另一个特效名称的下方(上方)，此时鼠标会变成一个带有加号的手势，如图6-6所示，从而特效被移动到新的位置。

图 6-5　将特效拖放到【效果控件】面板的素材上

图 6-6　调整特效之间的位置关系

6.2.3　删除视频特效

用户还可以自由地删除素材上不想要的特效。

首先在【时间线】窗口中选中素材，然后在【效果控件】面板中选中要删除的效果，执行以下操作之一。

- ⦿ 按下键盘上的 Delete 键或者按 Backspace 键删除。
- ⦿ 在【效果控件】菜单上右击，在【效果控件】单中选择【移除所选效果】命令，如图 6-7 所示。

图 6-7　在选择【移除所选效果】命令

- ⦿ 在所选中的效果上右击，在弹出的快捷菜单中选择【清除】命令，如图 6-8 所示。

图 6-8　在选中效果上删除素材效果

如果要删除一个素材的多个效果，可以按住 Ctrl 键，单击选择多个效果，执行以下操作。

⊙ 按下键盘上的 Delete 键或者按 Backspace 键删除。

⊙ 在【效果控件】菜单中选择【移除所选效果】命令删除。

如果要删除一个素材的全部效果，可以在【效果控件】菜单中选择【移除效果】命令。

此外，用户还可以临时停用剪辑中的视频特效，以便预览尚未应用效果的影片。要临时停用剪辑中的视频特效，可以执行以下操作之一。

⊙ 单击要停用视频特效前的效果图标。要停用或启用剪辑中的所有效果，可以在单击图标的同时按下 Alt 键。

⊙ 选择要停用的视频特效，在【效果控件】菜单上取消选择【效果已启用】命令。要重新启用视频特效，则重新选择【效果已启用】命令。

6.2.4　复制和粘贴视频特效

在【效果控件】面板中，还可以复制和粘贴一个或多个效果(包括其属性)。

1. 复制和粘贴某个特定视频特效

(1) 在【时间线】窗口中，选择要复制视频特效的素材剪辑。

(2) 在【效果控件】面板中，选择要复制的视频特效(按 Ctrl 键并单击，可以选择多种效果)。

(3) 在该特效上右击，在弹出的快捷菜单中选择【复制】命令，或者执行【编辑】|【复制】菜单命令(快捷键为 Ctrl+C)。

(4) 在【时间线】窗口中，选择要接收其已复制视频特效的素材剪辑。

(5) 在【效果控件】面板中右击鼠标，在弹出的快捷菜单中选择【粘贴】命令，或者执行【编辑】|【粘贴】菜单命令(快捷键为 Ctrl+V)。

2. 复制和粘贴素材剪辑上的所有特效

(1) 在【时间线】窗口中，选择要复制视频特效的素材剪辑。

(2) 在该素材上右击鼠标，选择【复制】命令，或者执行【编辑】|【复制】菜单命令(快捷键

为 Ctrl +C)。此操作将复制该素材剪辑的所有属性。

(3) 选择要接收其已复制视频特效的素材剪辑。

(4) 在选中的素材剪辑上右击鼠标，选择【粘贴属性】命令，或者执行【编辑】|【粘贴属性】菜单命令(快捷键为 Ctrl+Alt+V)。

使用【粘贴属性】命令，可以复制一个片段的所有的效果值(包括固定效果和标准效果的关键帧)到另一个片段。如果是一个包含关键帧效果的片段，它们就会从片段的起点开始，分别出现在目标片段色彩匹配相对应的位置上。如果目标片段比源片段短，粘贴时关键帧就会超出目标片段的入点和出点。要查看这些关键帧，可以向后移动素材的出点。

6.2.5　设置视频特效随时间而变化

在素材上应用了视频特效，可以通过时间的变化来改变视频画面。这个操作基础就是设置视频的关键帧。

当创建一个关键帧时，可以指定某个效果在一个确切时间点上的属性值。当多个关键帧上被赋予了不同的属性值之后，Premiere 就会自动计算出关键帧之间的属性值，即进行"插补"处理。

例如，创建一个模糊效果，想要让视频素材随着时间推移变得模糊后再变得清晰，可以设置3 个关键帧。第 1 个开始帧设置为无模糊，第 2 个中间帧设置为最大值的模糊效果，第 3 个结束帧设置为无模糊。这样 Premiere 就会自动进行"插补"使得第 1 个关键帧和第 2 个关键帧之间的模糊值逐渐增大，而第 2 个关键帧和第 3 个关键帧之间的模糊值逐渐减小。

6.2.6　视频特效预设效果

在 Premiere Pro CC 2018 中，用户除了直接为素材添加内置的特效外，还可以使用系统自带的并且已经设置好各项参数的预设特效，预设特效被存放在【效果】面板的【预设】文件夹中，如图 6-9所示。

通常，预设可提供良好的效果，不必调整其属性。应用预设效果后，用户可以更改其属性，还可以创建自己的预设效果，从而节省设置参数的时间。

应用预设效果的操作与应用普通视频特效类似，可按如下方式进行。

(1) 打开【效果】面板，展开【预设】文件夹。

(2) 在【预设】文件夹中找到要运用到素材剪辑上的预设效果，选中该效果后将其拖动到【时间线】窗口的素材剪辑上。

(3) 在【节目】监视器窗口中预览效果。

图 6-9　【效果】面板中的预设效果

用户在编辑了一个素材的视频特效后，可以将设置完成的视频特效保存为预设效果，保存后该预设也会出现在【效果】面板的【预设】文件夹中。

　　要将设置完成的视频特效保存为预设效果，可按以下操作进行。

　　(1) 在【时间线】窗口中，选中已经设置完成视频特效的素材剪辑。

　　(2) 打开【效果控件】面板，右击要保存的视频特效，在弹出的快捷菜单中选择【保存预设】命令。

　　(3) 在弹出的如图 6-10 所示的【保存预设】对话框中输入预设的名称，选择相应的类型，输入对该效果的简单描述。

图 6-10　【保存预设】对话框

　　【例 6-1】 为视频素材添加特效，利用关键帧设置视频特效随时间而变化，并将该设置保存为预设效果。

　　1) 效果说明

　　为视频制作出镜头光晕的效果，通过调整光晕的参数可以制作出不同的光晕效果。

　　扭曲的效果可以运用于影片中穿梭、眩晕等场景。

　　2) 操作要点

　　【镜头光晕】效果和【扭曲】效果的使用以及参数的调整。

　　3) 操作步骤

　　(1) 运行 Premiere Pro CC 2018，打开欢迎界面，单击【新建项目】按钮，打开【新建项目】对话框。在该对话框中，采用默认设置，选择项目保存的路径及输入名称 "ch06-1" 后，单击【确定】按钮，进入主程序界面后，执行【文件】|【新建】|【序列】命令，此时系统将弹出【新建序列】对话框，如图 6-11 所示，单击【确定】按钮。

图 6-11　【新建项目】与【新建序列】对话框

　　(2) 选择【文件】|【导入】命令，打开【导入】对话框，导入 "ch06" 文件夹中的视频素材 "01.mp4" 和 "02.mp4"，如图 6-12 所示。

计算机基础与实训教材系列

图 6-12　导入视频素材

(3) 在【项目】窗口中选择"01.mp4"和"02.mp4"视频素材文件，然后将它们依次拖到【时间线】窗口的 V1 轨道上，如图 6-13 所示。在弹出的【剪辑不匹配警告】对话框中单击【更改序列设置】按钮。

图 6-13　添加素材到【时间线】窗口

(4) 在【效果】面板中，打开【视频效果】下的【生成】分类夹，从中选择【镜头光晕】效果，按住鼠标左键将该效果拖放到 V1 轨道上的"01.mp4"视频文件上后释放，这样就为"01.mp4"素材片段应用了【镜头光晕】效果，如图 6-14 所示。

图 6-14　将【镜头光晕】效果应用到"01.mp4"

(5) 在【时间线】窗口中选中"01.mp4"素材，打开【效果控件】面板，单击【镜头光晕】特效前的三角按钮，展开该效果，可以看到该效果包含的各项参数，分别是【光晕中心】【光晕亮度】【镜头类型】和【与原始图像混合】。确认时间线指针在 00:00:00:00 处，按下【光晕中心】【光晕亮度】前的码表按钮 ，为其创建关键帧，并设置【光晕中心】的值为 "200、100"，【光晕亮度】的值为 "125%"，如图 6-15 所示。

图 6-15　为【镜头光晕】效果创建第一个关键帧

(6) 在【效果控件】面板中拖动时间线指针到 00:00:02:00 处，调整【光晕中心】的值为 "60、105"，【光晕亮度】的值为 "90%"，为素材创建关键帧，变化【镜头光晕】效果，如图 6-16 所示。

图 6-16　为【镜头光晕】效果创建第二个关键帧

(7) 在【效果控件】面板中拖动时间线指针到 00:00:03:17(即该视频的最后一帧)处，调整【光晕中心】的值为 "100、110"，【光晕亮度】的值为 "0"，为素材创建第三个关键帧，如图 6-17 所示。

图 6-17　为【镜头光晕】效果创建第三个关键帧

(8) 拖动时间线指针到起始位置处，在【节目】监视器窗口中预览效果，如图 6-18 所示。

(9) 在【效果】面板中，打开【视频效果】下的【扭曲】分类夹，从中选择【球面化】效果，按住鼠标左键将该效果拖放到 V1 轨道上的 "02.mp4" 视频文件上后释放，这样就为 "02.mp4" 素材片段应用了【球面化】效果，如图 6-19 所示。

图 6-18　预览【镜头光晕】效果

图 6-19　将【球面化】效果应用到 "02.mp4"

(10) 在【时间线】窗口中选中 "02.mp4" 素材，将时间线指针移到素材的入点，打开【效果控件】面板，单击【球面化】特效前的三角按钮，展开该效果，依次按下【半径】和【球面中心】参数前的码表按钮，为其创建关键帧。调整【半径】的值为 "100"，【球面中心】的值为 "200、500"，如图 6-20 所示。

图 6-20　为【球面化】效果创建第一个关键帧

(11) 在【效果控件】面板中拖动时间线指针到 00:00:06:00 处，调整【半径】的值为 300，【球面中心】的值为 "400、600"，为素材创建第二个关键帧，变化【球面化】效果，如图 6-21 所示。

图 6-21　为【球面化】效果创建第二个关键帧

(12) 拖动时间线指针到素材入点处，在【节目】监视器窗口中预览效果，如图 6-22 所示。

图 6-22 预览【球面化】效果

（13）在【效果控件】面板上右击【球面化】效果，在快捷菜单中选择【保存预设】命令，如图 6-23 所示。在打开的【保存预设】对话框中，输入预置效果的名称"球面化预设"，选择【类型】为【定位到入点】，输入描述内容，如图 6-24 所示。

图 6-23 选择【保存预设】命令

图 6-24 【保存预设】对话框

（14）打开【效果】面板，展开【预设】文件夹，可以看到刚刚保存的预设效果【球面化预设】，如图 6-25 所示。将鼠标移动到该效果上，会显示对该效果的描述。

任务 3 视频特效分类

Premiere Pro CC 2018 包含了许多视频特效，它们按照性质的不同分别存放在 19 个分类夹中。下面将对部分分类夹进行介绍。

图 6-25 预设效果【球面化预设】

6.3.1 【变换】分类夹

应用【变换】类视频特效后可以使剪辑图像产生二维或者三维的几何变化。【变换】类视频特效分类夹中共有 4 种效果。

计算机 基础与实训教材系列

1. 垂直翻转

运用该效果，可以将画面垂直翻转，产生类似倒影的效果，如图 6-26 所示。

图 6-26　【垂直翻转】效果

2. 水平翻转

运用该效果，可以产生左右翻转的效果，如图 6-27 所示。

图 6-27　【水平翻转】效果

3. 羽化边缘

运用该效果，可以产生将画面四周羽化，即由背景色到画面色调过渡的效果。羽化数值设置得越大，则过渡范围空间越大，如图 6-28 所示。

图 6-28　【羽化边缘】效果

4. 裁剪

运用该效果，可以产生将画面裁剪的效果，如图 6-29 所示。

图 6-29　【裁剪】效果

6.3.2　【杂色与颗粒】分类夹

1. 中间值

该效果会将图像的每一个像素都用它周围像素的 RGB 值来代替，从而平均整个画面的色值，如图 6-30 所示。参数【半径】是指每个像素和周围多大范围内的像素进行 RGB 值的平均计算。

图 6-30　【中间值】效果

2. 杂色

运用该效果，可以产生增加画面杂色的效果，如图 6-31 所示。

图 6-31　【杂色】效果

3. 蒙尘与划痕

运用该效果，可以产生修补像素来减少图像中的杂色，隐藏画面缺陷的效果，如图6-32所示。

图 6-32　【蒙尘与划痕】效果

除了以上几种特效外，本特效分类夹还包含【杂色 HLS】【杂色 Alpha】和【杂色 HLS 自动】效果。这里就不再赘述，用户可根据需要自行调试。

6.3.3　【图像控制】分类夹

此类视频特效主要用于对图像进行色调调整。

计算机 基础与实训教材系列

1. 灰度系数校正

该效果可以在不改变图像高亮区域和低亮区域的情况下，使图像变亮或者变暗，如图 6-33 所示。

图 6-33　【灰度系数校正】效果

2. 颜色过滤

运用该效果，可以将画面没有选中的颜色范围变为黑色或者白色，选中部分仍然保持原样，如图 6-34 所示。

图 6-34　【颜色过滤】效果

3. 黑白

运用该效果，可以直接将彩色图像转换成灰度图像，如图 6-35 所示。

图 6-35　【黑白】效果

除了以上几种特效外，本特效分类夹还包含【颜色平衡(RGB)】和【颜色替换】效果。这里就不再赘述，用户可根据需要自行调试。

6.3.4　【实用程序】分类夹

本特效分类夹仅有【Cineon 转换器】一种特效。

运用该效果，可以将画面色彩转换成老电影效果，如图 6-36 所示。

图 6-36　【Cineon 转换器】效果

6.3.5　【扭曲】分类夹

1. 位移

运用该效果，可以使图像产生水平或者垂直方向上的位置偏移，如图 6-37 所示。

图 6-37　【位移】效果

2. 变换

运用该效果，可以设置如默认的【运动】和【不透明度】效果中的各个选项参数。不同之处在于，该特效可以应用在其他特效之后。该效果如图 6-38 所示。

图 6-38　【变换】效果

3. 放大

运用该效果，可以使画面的某一部分产生圆形或者方形的放大效果，如图 6-39 所示。

图 6-39　【放大】效果

4. 旋转

运用该效果，可以使画面产生沿着中心轴旋转扭曲的效果，如图 6-40 所示。

图 6-40 【旋转】效果

5. 波形变形

运用该效果，可以使画面产生像水波纹似的弯曲效果，如图 6-41 所示。

图 6-41 【波形变形】效果

6. 镜像

运用该效果，可以使画面产生镜像效果，如图 6-42 所示。

图 6-42 【镜像】效果

除了以上几种特效外，本特效分类夹还包含【变形稳定器 VFX】【果冻效应修复】【球面化】【紊乱置换】【边角定位】和【镜头扭曲】效果。这里就不再赘述，用户可根据需要自行调试。

6.3.6 【时间】分类夹

【时间】分类夹中的效果用于模仿时间差值得到一些特殊的视频特效。

1. 抽帧时间

运用该效果，可以改变视频素材的帧速率，用户可根据需要自行调试。

2. 残影

运用该效果，可以模仿声波和回音作用到视频片段的效果，如图 6-43 所示。

图 6-43 【残影】效果

除以上特效外，本特效分类夹还包括【像素运动模糊】【时间扭曲】效果，用户可根据需要自行调试。

6.3.7 【模糊与锐化】分类夹

应用【模糊与锐化】分类夹中的视频特效可以使得图像模糊或者清晰化。其原理都是对图像的相邻像素进行计算，从而产生相应的效果。应用这些效果后，可以产生摄像机的变焦和柔和阴影的效果。

1. 复合模糊

运用该效果，可以以一个指定的模糊层的亮度为基准，对当前层的像素进行模糊。模糊层可以是一个包含不同亮度值的任意层，模糊层的亮的像素部分对当前层对应的像素进行更强的模糊，暗的部分则对对应的像素进行较弱的模糊，如图 6-44 所示。

图 6-44 【复合模糊】效果

2. 方向模糊

运用该效果，可以在画面中产生模糊的方向和强度，使片段产生一种运动的效果，如图 6-45 所示。

图 6-45 【方向模糊】效果

3. 相机模糊

运用该效果，可以模仿在相机焦距之外的图像模糊效果，如图 6-46 所示。

图 6-46 【相机模糊】效果

4. 锐化

运用该效果，可以增加相邻像素间的对比度，使图像变得更加清晰，如图 6-47 所示。

除了以上几种特效外，本特效分类夹还包含【通道模糊】【钝化蒙版】和【高斯模糊】效果。这里就不再赘述，用户可根据需要自行调试。

图 6-47 【锐化】效果

6.3.8 【生成】分类夹

1. 四色渐变

运用该效果，可以在图层上指定 4 种颜色，并且对其进行混合，产生渐变的效果。利用不同的混合模式可以创建出不同风格的彩色效果，如图 6-48 所示。

图 6-48 【四色渐变】效果

2. 油漆桶

运用该效果，可以在图像上产生根据选定区域创建卡通轮廓或者油漆桶填充效果，如图6-49所示。

图 6-49　【油漆桶】效果

3. 网格

运用该效果，可以按照设置在图像上产生一个网格效果。利用不同的混合模式可以创建出不同风格的网格效果，如图 6-50 所示。

图 6-50　【网格】效果

4. 单元格图案

运用该效果，可以按照设置在图像上产生各种单元格图案，如图 6-51 所示。

图 6-51　【单元格图案】效果

5. 闪电

运用该效果，可以在画面上产生一个闪电或者其他类似放电的效果，不需要利用关键帧就可以自动产生动画，如图 6-52 所示。

图 6-52　【闪电】效果

除了以上几种特效外，本特效分类夹还包含【书写】【吸管填充】【圆形】【棋盘】【椭圆】【渐变】和【镜头光晕】效果。这里就不再赘述，用户可根据需要自行调试。

6.3.9 【颜色校正】分类夹

1. 亮度与对比度

运用该效果可以调节图像的亮度和对比度，如图 6-53 所示。

图 6-53　【亮度与对比度】效果

2. 更改颜色

该效果可以调节色彩区域的色相、饱和度和亮度，如图 6-54 所示。在参数设置中，可以调节基色和相似值，匹配颜色可以选择使用 RGB、色相或色度。

图 6-54　【更改颜色】效果

3. 颜色平衡

该效果通过调整图像的【阴影】【中间调】和【高光】部分的 RGB 标准来改变素材的颜色，如图 6-55 所示。

图 6-55　【颜色平衡】效果

除了以上几种特效外，本特效分类夹还包含【ASC CDL】【Lumetri 颜色】【分色】【色彩】【均衡】【颜色平衡(HLS)】【视频限幅器】【更改为颜色】和【通道混合器】效果。这里就不再赘述，用户可根据需要自行调试。

6.3.10 【视频】分类夹

1. 时间码

运用该特效，可以在视频上加上当前的时间码。该特效主要用于在图层中显示时间码信息或者关键帧上的编码信息。同时，它也可以将时间码的信息译成密码并保存于图层中以供显示，如图 6-56 所示。

图 6-56 【时间码】效果

2. 剪辑名称

运用该特效，可以在视频上加上素材的名称等。

除了以上几种特效外，本特效分类夹还包含【SDR 遵从情况】和【简单文本】。这里就不再赘述，用户可根据需要自行调试。

6.3.11 【调整】分类夹

1. 卷积内核

运用该效果，可以改变素材中的每一像素的亮度，通过某种指定的数学计算方法对素材中的像素颜色进行运算，从而改变像素的【亮度】值。通过设置亮度矩阵的数值可以改变当前像素及其周围 8 个方向位置上的像素的亮度，如图 6-57 所示。

图 6-57 【卷积内核】效果

2. 提取

当想利用一张彩色图片作为蒙版时，应该先将它转换成灰度图片。运用该效果，可以改变图像的灰度范围，通过对图片颜色的控制得到黑白灰度效果，如图 6-58 所示。

图 6-58 【提取】效果

3. 光照效果

运用该效果，可以产生在素材上添加灯光照射的效果，如图 6-59 所示。

图 6-59　【光照效果】效果

除了以上几种特效外，本特效分类夹还包含【ProcAmp】和【色阶】效果。这里就不再赘述，用户可根据需要自行调试。

6.3.12　【过时】分类夹

1. RGB 曲线

该效果可以通过曲线调整主体、红色、绿色和蓝色通道中的数值，以达到改变图像色彩的目的，如图 6-60 所示。

图 6-60　【RGB 曲线】效果

2. 自动颜色

此效果用来校正色彩，它可以辨别黑与白之间的色差，然后消除这种色差，如图 6-61 所示。这项功能在处理有黑、白点的图像时效果更佳。

图 6-61　【自动颜色】效果

此外，此分类夹还包括【RGB 颜色校正器】【三向颜色校正器】【亮度曲线】【亮度校正器】【快速颜色校正器】【自动对比度】【自动色阶】【自动颜色】和【阴影/高光】等效果。

6.3.13　【过渡】分类夹

1．块溶解

运用该效果，配合使用关键帧，可以制作各种自定义的【块溶解】的过渡效果，如图 6-62 所示。

图 6-62　【块溶解】效果

2．径向擦除

运用该效果，配合使用关键帧，可以制作各种自定义的【径向擦除】的过渡效果，如图 6-63 所示。

图 6-63　【径向擦除】效果

3．渐变擦除

运用该效果，配合使用关键帧，可以制作各种自定义的【渐变擦除】的过渡效果，如图 6-64 所示。

图 6-64　【渐变擦除】效果

4．百叶窗

运用该效果，配合使用关键帧，可以制作各种自定义的【百叶窗】的过渡效果，如图 6-65 所示。

图 6-65　【百叶窗】效果

5. 线性擦除

运用该效果，配合使用关键帧，可以制作各种自定义的【线性擦除】的过渡效果，如图 6-66 所示。

图 6-66　【线性擦除】效果

6.3.14　【透视】分类夹

1. 基本 3D

使用该效果，可以使画面在三维空间中水平或者垂直移动，也可以拉远或者靠近，如图 6-67 所示。如果选中【镜面高光】选项，还可以建立一个增强亮度的镜面来反射旋转表面的光芒。

图 6-67　【基本 3D】效果

2. 斜角边

运用该效果，可以对图像的边缘产生一个立体的效果，用来模拟三维外观，如图 6-68 所示。此特效不适合在非矩形的图像上使用，也不能应用在带有 Alpha 通道的图像上。

图 6-68　【斜角边】效果

3. 投影

运用该特效，可以在层的后面产生阴影，形成投影的效果。投影的形状是由 Alpha 通道决定的，如图 6-69 所示。

图 6-69　【投影】效果

除了以上几种特效外，本特效分类夹还包含【放射阴影】和【斜面 Alpha】效果。这里就不再赘述，用户可根据需要自行调试。

6.3.15　【通道】分类夹

1. 反转

该特效用于反转图像的颜色信息，通常有很好的颜色效果，如图 6-70 所示。设置【通道】选项，可以对整个图像进行反转，也可以对单一的通道进行反转；【与原始图像混合】选项用于合成反转的图像与原图像。

图 6-70　【反转】效果

2. 纯色合成

该特效快捷地在原素材层的后面创建一层纯色的图层，如图 6-71 所示。用户可以控制原素材层的不透明度以及填充合成图像的不透明度，还可以选择应用不同的混合模式。

图 6-71　【纯色合成】效果

3. 复合运算

该效果以数学方式合成当前图层和指定图层。效果如图 6-72 所示。

图 6-72 【复合运算】效果

4. 混合

该特效通过 5 种不同的混合模式，将两个图层的图像进行混合，如图 6-73 所示。

图 6-73 【混合】效果

5. 算术

该效果提供了各种用于图像颜色通道的简单数学运算，如图 6-74 所示。

图 6-74 【算术】效果

6. 计算

该效果通过通道混合一幅图像的另一个通道，如图 6-75 所示。

图 6-75 【计算】效果

7. 设置遮罩

该效果同轨道蒙版类似，可以用指定的蒙版层的通道作为当前层的通道，如图 6-76 所示。

图 6-76 【设置遮罩】效果

6.3.16 【键控】分类夹

【键控】分类夹包含了【Alpha 调整】【亮度键】【图像遮罩键】【差值遮罩】【移除遮罩】【超级键】【轨道遮罩键】【非红色键】和【颜色键】效果，相关内容将在第 8 章中详细介绍。

6.3.17 【风格化】分类夹

1. Alpha 发光

该效果仅对具有 Alpha 通道的片段起作用，而且只对第 1 个 Alpha 通道起作用。它可以在 Alpha 通道指定的区域边缘产生一种颜色逐渐衰减或向另一种颜色过渡的效果，如图 6-77 所示。

图 6-77 【Alpha 发光】效果

2. 复制

应用该效果后会将原始素材的数量变为多个，如图 6-78 所示。

图 6-78 【复制】效果

3. 彩色浮雕

该效果与【浮雕】效果类似，不同的是【彩色浮雕】是包含颜色的，如图 6-79 所示。

图 6-79　【彩色浮雕】效果

4. 曝光过度

运用该效果可以将图像的正片和负片相混合，模拟底片显影过程中的曝光效果，如图 6-80 所示。

图 6-80　【曝光过度】效果

5. 查找边缘

运用该效果，可以通过强化过渡像素产生彩色线条，用来表现铅笔勾画的效果，如图 6-81 所示。

图 6-81　【查找边缘】效果

6. 浮雕

运用该效果，可以产生单色的浮雕，如图 6-82 所示。

图 6-82　【浮雕】效果

7. 画笔描边

该效果可以产生一种画笔描绘出的粗糙外观，可以模拟水彩画一样的效果，如图6-83所示。

图 6-83　【画笔描边】效果

8. 粗糙边缘

应用该效果可以将图像的边缘粗糙化，用来模拟腐蚀的纹理或溶解效果，如图 6-84 所示。

图 6-84　【粗糙边缘】效果

9. 闪光灯

运用该效果可以在一些画面中不断地加入一帧闪白、其他颜色或者应用一帧层模式，然后立即恢复，使连续画面产生闪烁的效果，如图 6-85 所示。

图 6-85　【闪光灯】效果

10. 阈值

运用该效果，可以将一个灰度或者彩色图像转换为高对比度的灰白图像。它将一定的电平指定为阈值，所有比该值亮的像素都被转换为白色，所有比该值暗的像素都被转换为黑色，如图6-86所示。

图 6-86　【阈值】效果

计算机 基础与实训教材系列

11. 马赛克

运用该效果可以将一个单元内的所有像素统一为一种颜色，然后使用方形颜色块来填充整个层，从而产生马赛克效果，如图 6-87 所示。

图 6-87 【马赛克】效果

除了以上几种特效外，本特效分类夹还包含【抽帧】和【纹理化】效果。这里就不再赘述，用户可根据需要自行调试。

此外，Premiere Pro CC 2018 还拥有众多的第三方外挂视频插件，这些外挂视频特效插件能扩展 Premiere Pro CC 2018 的视频功能，制作出 Premiere Pro CC 2018 自身不易制作或者不能实现的某些效果，从而为影片增加更多的艺术效果。例如，可以制作雨、雪效果的 Final Effects 插件、制作绚丽光斑效果的 Knoll Light Factory 插件、制作扫光文字的 Shine(耀光)插件等，这些将在第 7 章中详细介绍。

拓展训练

本拓展训练通过制作【怀旧老电影效果】【自然风光】【底片效果】【马赛克效果】【水墨画】及【幻影效果】，让读者熟悉视频特效的综合应用。

1. 制作【怀旧老电影效果】

1) 效果说明

本例的画面效果是利用 Premiere Pro CC 2018 提供的【灰度系数校正】【黑白】【RGB 曲线】和【杂色 HLS 自动】功能去除素材的原本颜色，将特效与源素材融合，利用视频特效制作怀旧老电影效果，其效果如图 6-88 所示。

图 6-88 怀旧老电影效果对比图

2) 操作要点

本例主要练习视频特效的【灰度系数校正】【黑白】【RGB 曲线】和【杂色 HLS 自动】特

效的添加，【灰度系数校正】和【黑白】是制作怀旧效果常用的特效，也是基础特效，掌握其应用意义重大。

3）操作步骤

（1）运行 Premiere Pro CC 2018，打开欢迎界面，单击【新建项目】按钮，打开【新建项目】对话框，如图 6-89 所示。在该对话框中，采用默认设置，选择项目的保存路径及输入名称"ch06-2"后，单击【确定】按钮，进入主程序界面。执行【文件】|【新建】|【序列】命令，此时系统将弹出【新建序列】对话框，如图 6-90 所示。

（2）单击【序列预设】选项卡，序列名称默认为【序列 01】，单击【确定】按钮。

图 6-89　【新建项目】对话框

图 6-90　【新建序列】对话框

（3）在【项目】窗口中导入素材"老照片素材.jpg"，将之拖到 V1 轨道上，在弹出的【剪辑不匹配警告】对话框中单击"更改序列设置"按钮。在【效果】面板中展开【视频效果】文件夹，展开【图像控制】文件夹，将特效【灰度系数校正】拖至素材上。在【效果控件】面板中设置【灰度系数】为"8"。再将【效果】面板中的【图像控制】|【黑白】拖至素材"老照片素材.jpg"上，使之变成黑白图像，如图 6-91 所示。

（4）在【效果】面板中展开【过时】文件夹，将特效【RGB 曲线】拖至素材上，在【效果控件】中设置【绿色】和【蓝色】曲线，如图 6-92 所示。

（5）在【效果】面板中展开【杂色与颗粒】文件夹，将

图 6-91　添加【灰度系数校正】和【黑白】特效

特效【杂色 HLS】拖至素材上，在【效果控件】中展开【杂色 HLS】特效，设置【杂色】为"均匀"，【色相】为"0.0%"，【亮度】为"0.0%"，【饱和度】为"20.0%"，如图 6-93 所示。

图 6-92 【RGB 曲线】特效参数设置

图 6-93 【杂色 HLS】特效参数设置

　　(6) 单击【时间线】窗口，按空格键或回车键浏览效果，最后执行【文件】|【保存】命令，保存项目文件。

2. 制作【自然风光】

1) 效果说明
利用视频特效制作图文转场效果，其效果如图 6-94 所示。

图 6-94 自然风光效果图

2) 操作要点
　　本案例主要是练习字幕的多重使用方式。通过对【嵌套序列】的运用，快速完成字幕的蒙版的实现。同时通过该案例中对于关键帧设置以及【溶解】等特效的学习，实现字幕的动态变化效果。这是基本的动画形成过程，对后期的动画完成有夯实基础的作用。

3) 操作步骤
　　(1) 运行 Premiere Pro CC 2018，打开欢迎界面，单击【新建项目】按钮，打开【新建项目】对话框，如图 6-95 所示。在该对话框中，采用默认设置，选择项目的保存路径及输入名称"ch06-3"后，单击【确定】按钮，进入主程序界面。
　　(2) 执行【文件】|【新建】|【序列】命令，此时系统将弹出【新建序列】对话框，【序列名称】默认为"序列 01"，单击【确定】按钮，如图 6-96 所示。

图 6-95　【新建项目】对话框

图 6-96　【新建序列】对话框

（3）单击下方的【新建文件夹】按钮■，新建【字幕】文件夹。在此文件夹下单击【文件】|【新建】|【旧版标题】，在弹出的【新建字幕】对话框中，【名称】设定为"1"，单击【确定】按钮后打开字幕编辑器。输入数字"1"，设置【字体】为"Impact"，【大小】为"300.0"，单击【垂直居中】按钮■和【水平居中】按钮■，使字幕居中于屏幕，如图 6-97 所示。单击左上角【基于当前字幕新建】按钮■，新建属性与字幕"1"相同的字幕文件"2"～"8"。

图 6-97　新建字幕

（4）在【项目】窗口中单击下方的【新建文件夹】按钮■，新建【图片】文件夹。确保选中

【图片】文件夹，执行【文件】|【导入】命令，把图片素材"p1.jpg"~"p9.jpg"导入。打开【图片】文件夹，将所有的图片素材拖放到 V1 上，选中所有素材后，右击，在弹出的快捷菜单中选择【速度/持续时间】命令，修改【持续时间】为 00:00:02:00(即 2s)，并选中【波纹编辑，移动尾部剪辑】复选框，单击【确定】按钮后，每张图片的持续时间都修改成了 2s，如图 6-98 所示。

图 6-98　重置视频时间

(5) 单击 V1 上的第一张图片"p1.jpg"，在【效果控件】面板中单击【运动】属性上的"运动"二字，此时，【节目】窗口中就会显示图片的位置属性，用鼠标调整图片在窗口中的位置。用同样的方法调整其余 8 张图片在视频窗口中的位置，使之充满画面，如图 6-99 所示。

图 6-99　调整图片的位置

(6) 按住 Shift 键选中 V1 轨道上的"p2.jpg"~"p9.jpg"，右击后，在弹出的快捷菜单中选择【复制】命令，复制这 8 张图片。再选中 V2 轨道，将时间线指针定位于 00:00:00:00 处，执行【编辑】|【粘贴】命令，将图片"2.jpg"~"9.jpg"粘贴到 V2 轨道上，如图 6-100 所示。

(7) 将时间线指针拖到 00:00:00:00 处，拖动字幕"8"到 V3 轨道上，缩短字幕"8"的视频持续时间为"1 秒 10 帧"。右击 V2 轨道上的"p2.jpg"，在弹出的快捷菜单中选择【嵌套】命令，在弹出的【嵌套序列名称】对话框中默认【名称】为"嵌套序列 01"，将"p2.jpg"嵌套在【嵌套序列 01】中。打开【效果】面板中的【视频效果】文件夹，选中【键控】中的特效【轨道遮罩键】，将之拖放到【嵌套序列 01】上，打开【效果控件】面板，打开【轨道遮罩键】属性，设置【遮罩】为【视频 3】，【合成方式】为"Alpha 遮罩"，如图 6-101 所示。

图 6-100 粘贴图片素材到 V2 轨道上中

图 6-101 设置遮罩

(8) 在【时间线】窗口上单击字幕"8",展开【效果控件】面板,展开【运动】属性。在 00:00:00:00 处,单击【缩放】前的码表 创建关键帧,设置【缩放】为"30.0"。在 00:00:01:09 处,修改【缩放】的值为"150.0"以新建一个关键帧,形成字幕由小到大的动画。按住 Shift 键选中两个关键帧点后右击,在弹出的快捷菜单中选中【贝塞尔曲线】命令,将直线关键帧点变成曲线点。单击【缩放】前的展开按钮,用鼠标调整曲线,如图 6-102 所示,使得动画的速度越来越快。

(9) 打开【视频效果】文件夹,单击【模糊和锐化】文件夹,选择特效【快速模糊】,将之拖放到字幕文件"8"上。在 00:00:01:04 处,单击【模糊度】前的码表 新建一个关键帧。在 00:00:01:09 处,修改【模糊度】的值为"50.0"以新建一个关键帧,形成字幕文字由清楚到模糊的动画效果。

(10) 右击视频轨道左边的空白处,在弹出的快捷菜单中选择【添加轨道】命令,打开【添加轨道】对话框,添加 1 条视频轨,0 条音频轨和 0 条音频子混合轨,如图 6-103 所示,单击【确定】按钮后就添加了 V4 轨道。

图 6-102　设置字幕动画　　　　　　　　　　　图 6-103　添加视频轨道

（11）右击 V3 轨道上的字幕 "8"，在弹出的快捷菜单中选择【复制】命令。选中 V4 轨道，将时间线指针拖到 00:00:00:00 处，执行【编辑】|【粘贴】命令。复制字幕 "8" 到 V4 上。在【效果】面板中，展开【视频过渡】文件夹，展开【溶解】文件夹，选中【交叉溶解】选项，将之拖放到 V4 轨道的字幕文件 "8" 的后半部分。单击 V4 轨道上的【交叉溶解】后，在【效果控件】中调整持续时间为 "00:00:00:12"，此时就会出现使字幕文字的填充从开始的白色过渡到下一张图片的动画效果，如图 6-104 所示。

图 6-104　设置两个视频轨道上的字幕文件的切换方式

（12）按住 Shift 键选中 V3 轨道和 V4 轨道上的字幕文件 "8"，右击，在弹出的快捷菜单中选择【复制】命令，将 V3 和 V4 保持选中状态，将时间线指针拖至 00:00:02:00 处，执行【编辑】|【粘贴】命令，实现字幕文件 "8" 的复制。在【项目】窗口中选中字幕文件 "7"，选中复制的两个字幕文件 "8"，右击，在弹出的快捷菜单中选择【使用剪辑替换】|【从素材箱】命令，将素材字幕文件替换成 "7"。

(13) 右击 V2 轨道中的 "p3.jpg"，在弹出的快捷菜单中选择【嵌套】命令，在弹出的【嵌套序列名称】对话框中默认【名称】为 "嵌套序列 02"，将 "p3.jpg" 嵌套在【嵌套序列 02】中。将视频特效【轨道遮罩键】拖到【嵌套序列 02】上，打开【效果控件】面板，展开【轨道遮罩键】属性，将【遮罩】改为【视频 3】，【合成方式】改为【Alpha 遮罩】，这样就实现了从 "p2.jpg" 到 "p3.jpg" 的转换，如图 6-105 所示。

图 6-105　设置 "p2.jpg" 到 "p3.jpg" 的转换

(14) 用步骤(13)的方法实现所有图片之间的转换，如图 6-106 所示。

图 6-106　完成所有图片之间的转换

(15) 执行菜单命令【文件】|【新建】|【旧版标题】，在弹出的【新建字幕】对话框中设定字幕【名称】为 "自然风光"，如图 6-107 所示。

(16) 在字幕编辑窗口中输入 "自然风光"，选择【字幕样式】为 "orca white 80"，【字体】为 "汉仪雪君体"，【大小】为 "154.0"，颜色为 "#767676，并设置【垂直居中】和【水平居中】，如图 6-108 所示，将该字幕文件拖到【字幕】文件夹中。

图 6-107　【新建字幕】对话框

(17) 将字幕文件 "万岛之国挪威" 拖到 V2 轨道上 00:00:16:00 处，并将字幕文件持续时间缩短为 2 s。在【效果控件】面板中展开【运动】属性。在 00:00:16:00 处，单击【缩放】前的码表 创建一个关键帧，修改【缩放】的值为 "600.0"。在 00:00:17:10 处，修改【缩放】的值为 "100.0" 创建一个关键帧，实现文字由大到小的动画效果。将视频特效【快速模糊】拖到该字幕文件中，在【效果控件】中展开【快速模糊】特效。在 00:00:16:00 处，单击【模糊度】前的码表 新建一个关键帧，修改【模糊度】的值为 "20.0"。在 00:00:16:10 处修改【模糊度】的值为 "0.0"，形成由模糊到清晰的动画效果，如图 6-109 所示。

图 6-108　新建字幕

图 6-109　设置字幕动画

(18) 导入音频素材"配乐",将其拖入音频轨道 A1 上,在 00:00:17:24 处利用剃刀工具 将素材切开,选中后半部分,按下键盘上的 Delete 键,在音频轨道 A1 左边的空白处向上滚动鼠标滑轮,显示出电平。按住 Ctrl 键,在结尾处添加关键帧,制作音乐渐弱的效果,如图 6-110 所示。

图 6-110　为视频添加背景音乐

(19) 按空格键或回车键浏览效果，在【项目】窗口中新建文件夹【嵌套序列】，将所有的嵌套序列文件拖入到该文件夹中。最后，执行【文件】|【保存】命令，保存项目文件。

3. 制作【底片效果】

1) 效果说明

利用视频特效制作底片效果，其效果如图 6-111 所示。

2) 操作要点

本案例主要学习【反转】特效。

图 6-111　底片效果图

3) 操作步骤

(1) 运行 Premiere Pro CC 2018，打开欢迎界面，单击【新建项目】按钮，打开【新建项目】对话框，如图 6-112 所示。在该对话框中，采用默认设置，选择项目的保存路径及输入名称"ch06-4"后，单击【确定】按钮，进入主程序界面。

(2) 执行【文件】|【新建】|【序列】命令，此时系统将弹出【新建序列】对话框，【序列名称】默认为【序列 01】，如图 6-113 所示，单击【确定】按钮。

图 6-112　【新建项目】对话框

图 6-113　【新建序列】对话框

(3) 在【项目】窗口中导入素材"人像负片.jpg"，并将之拖到 V1 轨道上，在弹出的【剪辑不匹配警告】对话框中单击"更改序列设置"按钮。在【效果】面板中展开【视频效果】文件夹，展开【通道】文件夹，将特效【反转】拖到【时间线】窗口的"人像负片.jpg"素材上。在【效果控件】中，展开【反转】特效，将【声道】设置为"RGB"，【与原始图像混合】设置为"0%"，如图 6-114 所示。

图 6-114 添加【反转】特效

(4) 单击【时间线】窗口，按空格键或回车键浏览效果，最后执行【文件】|【保存】命令，保存项目文件。

4. 制作【马赛克效果】

1) 效果说明

利用视频特效制作视频的模糊马赛克效果，其效果如图 6-115 所示。

图 6-115 制作马赛克效果图

2) 操作要点

本案例主要通过【裁剪】和【马赛克】效果的运用，实现人的面部的马赛克效果。同时，通过【裁剪】效果的关键帧设置，实现全程面部马赛克。

3) 操作步骤

(1) 运行 Premiere Pro CC 2018，打开欢迎界面，单击【新建项目】按钮，打开【新建项目】对话框，如图 6-116 所示。在该对话框中，采用默认设置，选择项目的保存路径及输入名称"ch06-5"后，单击【确定】按钮，进入主程序界面。执行【文件】|【新建】|【序列】命令，此时系统将弹出【新建序列】对话框。

(2) 打开【序列预设】选项卡，选择国内电视制式通用的 DV-PAL|【标准 48 kHz】，【序列名称】默认为【序列 01】，如图 6-117 所示，单击【确定】按钮。

图 6-116　【新建项目】对话框

图 6-117　【序列预设】选项卡

(3) 导入视频素材"歌舞青春.mp4",并将之拖到 V1 轨道上,在弹出的【剪辑不匹配警告】对话框中单击【更改序列设置】按钮。右击 V1 轨道上的视频素材,在弹出的快捷菜单中选择【取消链接】命令。右击 V1 轨道上的视频素材,在弹出的快捷菜单中选择【复制】命令。选中 V2 轨道,执行【编辑】|【粘贴】命令,将视频素材粘贴到 V2 轨道上,如图 6-118 所示。

图 6-118　复制视频素材

(4) 在【时间线】窗口中单击【切换轨道输出】按钮 ◉ 以隐藏 V1 轨道。展开【视频效果】文件夹,展开【变换】文件夹,将【裁剪】特效拖到 V2 轨道的"歌舞青春.mp4"上。展开【效果控件】,展开【裁剪】特效,设置【左侧】为"48%",【顶部】为"5%",【右侧】为"19%",【底部】为"39%"(也可以直接用鼠标调整裁剪框的大小和位置),如图 6-119 所示。

(5) 展开【视频效果】文件夹,展开【风格化】文件夹,将特效【马赛克】拖到 V2 轨道的"歌舞青春.mp4"上。展开【效果控件】,展开【马赛克】特效,设置【水平块】为"30",【垂直块】为"30",如图 6-120 所示。在【时间线】窗口中单击【切换轨道输出】按钮 ◉ 以显示 V1 轨道。

图 6-119　裁剪视频参数设置

图 6-120　添加【马赛克】特效

(6) 在【效果控件】中展开【裁剪】特效，当时间线指针在 00:00:00:06 处时，分别单击属性
【左侧】【顶部】【右侧】及【底部】前的码表以新建关键帧。在 00:00:00:12 处，修改【左侧】
为 "34.7%"，【顶部】为 "24.4%"，【右侧】为 "50.3%"，【底部】为 "43.4%"，分别新建 4 个属
性上的关键帧; 在 00:00:00:24 处，修改【左侧】为 "39.9%"，【顶部】为 "17.0%"，【右侧】为 "45.1%"，
【底部】为 "50.8%"，分别新建 4 个属性上的关键帧; 在 00:00:02:06 处，修改【左侧】为 "32.4%"，
【顶部】为 "19.7"，【右侧】为 "52.5%"，【底部】为 "48.1"，分别新建关键帧; 在 00:00:03:24
处，修改【左侧】为 "44.7"，【顶部】为 "18.0%"，【右侧】为 "40.2%"，【底部】为 "49.8%"，
分别新建关键帧; 在 00:00:03:26 处，修改【左侧】为 "45.1%"，【顶部】为 "19.0%"，【右侧】为
"47.5%"，【底部】为 "67.5%"，分别新建关键帧; 在 00:00:04:10 处，修改【左侧】为 "14.6%"，
【顶部】为 "13.9%"，【右侧】为 "52.0%"，【底部】为 "72.5%"，分别新建关键帧; 在 00:00:05:00
处，修改【左侧】为 "42.5%"，【顶部】为 "17.3%"，【右侧】为 "50.1%"，【底部】为 "69.2%"，

分别新建关键帧；在 00:00:05:22 处，修改【左侧】为 "38.7%"，【顶部】为 "20.5%"，【右侧】为 "53.9%"，【底部】为 "66.0%"，分别新建关键帧；在 00:00:05:27 处，修改【左侧】为 "37.8%"，【顶部】为 "16.6%"，【右侧】为 "54.7%"，【底部】为 "63.8%"，分别新建关键帧；在 00:00:06:10 处，修改【左侧】为 "40.6%"，【顶部】为 "10.5%"，【右侧】为 "52%"，【底部】为 "75.9%"，分别新建关键帧；在 00:00:04:39 处，修改【左侧】为 "23.0%"，【顶部】为 "7.0%"，【右侧】为 "44.0%"，【底部】为 "25.0%"，分别新建关键帧；如图 6-121 所示。

图 6-121　设置裁剪动画

注意：此步骤也可以首先单击【裁剪】属性，以获取【节目】窗口中视频中的裁剪框，再通过鼠标调整裁剪框的大小和位置以新建关键帧来实现。

(7) 单击【时间线】窗口，按空格键或回车键浏览效果，最后执行【文件】|【存储】命令，保存项目文件。

 提示 ┄┄┄

　　该实例也可以使用【模糊与锐化】中的【高斯模糊】效果。

5. 制作【水墨画】

1) 效果说明

图 6-122　水墨画效果图

2) 操作要点

本案例中主要运用【黑白】【查找边缘】【色阶】【高斯模糊】【亮度键】和【颜色遮罩】的效果实现水墨画效果。通过对本案例的学习，能够有效地运用参数调整实现白色背景的消隐、画面

计算机 基础与实训教材系列

的水墨画效果以及画面上下边缘的遮罩效果。

3) 操作步骤

(1) 运行 Premiere Pro CC 2018，打开欢迎界面，单击【新建项目】按钮，打开【新建项目】对话框，如图 6-123 所示。在该对话框中，采用默认设置，选择项目的保存路径及输入名称"ch06-6"后，单击【确定】按钮，进入主程序界面。执行【文件】|【新建】|【序列】命令，此时系统将弹出【新建序列】对话框。

(2) 切换到【设置】选项卡，设置【编辑模式】为【自定义】，帧大小为"713(水平)、445(垂直)"(跟素材图片大小一致)，【像素长宽比】为【方形像素(1.0)】，【序列名称】默认为【序列 01】，如图 6-124 所示。切换到【轨道】选项卡，将轨道设置为 6 个。然后单击【确定】按钮。

图 6-123 【新建项目】对话框　　　　　　　图 6-124 新建序列

(3) 在【项目】面板中导入图片素材"桌子素材.jpg""卷轴素材.png""毛笔字素材.jpg""水墨画素材.jpg"，将"桌子素材.jpg"拖到【时间线】面板中的 V1 轨道上，在【节目】面板中拖拉素材，使其充满整个窗口。将"水墨画素材"拖到 V2 轨道上，在【效果】面板中，展开【视频效果】文件夹，展开【变换】文件夹，将【裁剪】特效拖到 V2 的"水墨画素材.jpg"上，在【效果控件】面板中，展开【裁剪】特效，修改参数【顶部】的值为"20.0%"，【底部】的值为"20.0%"在【效果】面板中展开【视频效果】文件夹，展开【图像控制】文件夹，将【黑白】特效拖到图片素材上，将饱和度降为最低。此时，该图片就由彩色图片变成了黑白图片，效果如图 6-125 所示。

图 6-125 添加【黑白】特效

(4) 在【效果】面板中展开【风格化】文件夹，将特效【查找边缘】拖到 V1 图片素材上，在【效果控件】面板中展开【查找边缘】特效，调整参数【与原始图像混合】为 "50%"，如图 6-126 所示。

图 6-126 添加【查找边缘】特效

(5) 在【效果】面板中展开【调整】文件夹，将特效【色阶】拖到 V1 轨道的图片素材上，在【效果控件】面板中展开【色阶】特效，调整色阶中的各参数，得到类似水墨的效果，如图 6-127 所示。

图 6-127 添加【色阶】特效

(6) 在【效果】面板中展开【模糊和锐化】文件夹，将特效【高斯模糊】拖到 V2 轨道的图片素材上，展开【效果控件】面板中的【高斯模糊】特效，调整【模糊度】参数为 "3.0"，如图 6-128 所示。

图 6-128 添加【高斯模糊】特效

(7) 在【项目】面板中导入图片素材 "毛笔字素材.jpg"，将之拖到【时间线】面板的 V3 轨道中，在展开的【效果控件】面板中，展开【运动】特效，修改【缩放】为 "45"，修改【位置】为 "245，240"，这样为画面添加 "题词"，如图 6-129 所示。

图 6-129　为图片添加题词

(8) 在【效果】面板中展开【视频效果】文件夹，展开【键控】文件夹，将特效【亮度键】拖到 V3 轨道的题词上。在【效果控件】面板中，展开【亮度键】特效，修改【阈值】为 "0%"，【屏蔽度】为 "100.0%"，如图 6-130 所示。这样就去除了素材 "题词.jpg" 的背景，使之与下面的画面合为一体。

(9) 在【项目】面板中单击【新建项】按钮，选择【颜色遮罩】选项，在打开的【新建颜色遮罩】对话框中单击【确定】按钮，打开如图 6-131 所示的【拾色器】对话框，设置一个颜色为 "#CFDBA7" 的 "颜色遮罩"。在弹出的【选择名称】对话框中设置遮罩的名称为 "颜色遮罩"，单击【确定】按钮。

图 6-130　设置【亮度键】特效　　　　　　　图 6-131　【拾色器】对话框

(10) 将原 V3 轨道上的 "毛笔字素材.jpg" 移动到 V4 轨道上，将原 V2 轨道上的 "水墨画素材.jpg" 移动到 V3 轨道上，再将 "颜色遮罩" 拖到 V2 轨道上，将其应用【裁剪】特效，将其上下部分做适当的裁剪。效果如图 6-132 所示。

图 6-132　添加【裁剪】特效后的效果

(11) 单击【时间线】面板，按空格键或回车键浏览效果，最后执行【文件】|【保存】命令，保存项目文件。如果想得到最终运动效果，则可通过为素材添加关键帧的方式实现。

6. 制作【幻影效果】

1）效果说明

利用视频特效制作幻影效果，其效果如图 6-133 所示。

图 6-133　效果图

2）操作要点

在本案例中将学习制作字幕的基础，通过对【字幕特效】【贝塞尔曲线】【嵌套】和【残影】效果的运用，能够了解字幕幻影效果的实现方式以及字幕关键帧的使用。

3）操作步骤

(1) 运行 Premiere Pro CC 2018，打开欢迎界面，打开【新建项目】对话框，如图 6-134 所示。在该对话框中，采用默认设置，选择项目的保存路径及输入名称"ch06-7"后，单击【确定】按钮后，进入主程序界面。单击【文件】|【新建】|【序列】，此时系统将弹出【新建序列】对话框。

(2) 在【序列预设】选项卡中，选择国内电视制式通用的 DV-PAL |【标准 48 kHZ】，序列名称默认为【序列 01】，如图 6-135 所示，单击【确定】按钮。

图 6-134　【新建项目】对话框

图 6-135　【序列预设】选项卡

(3) 单击【文件】|【新建】|【旧版标题】，新建"字幕01"，在打开的字幕编辑器中输入"紫金漫话工作室"，设置字体为"汉仪旗黑"，字体大小为"70.0"，选中【填充】选项，填充类型为【实底】，颜色为"#9865B0"；单击【垂直居中】按钮■和【水平居中】按钮■，使字幕居中于屏幕；为字幕添加【内描边】，【类型】为"边缘"，【大小】为"12.0"，【填充类型】为"实底"，【颜色】为"白色"；为字幕添加【外描边】，【类型】为"深度"，【大小】为"10.0"，【角度】为"20.0"，【填充类型】为"实底"，【颜色】为"白色"；为字幕添加阴影效果，【颜色】为"#AE71DD"，【不透明度】为"70%"，【角度】为"45.0"，【距离】为"8.0"，【扩展】为"10.0"，如图6-136所示。

图 6-136　创建字幕

(4) 将"字幕01"拖入到V1轨道并释放，选中"字幕01"，在【效果控件】面板中展开【运动】属性。在00:00:00:00处，单击【缩放】属性前的码表■，新建一个关键帧，设置【缩放】为"600.0"；在00:00:02:00处，修改【缩放】的值为"100.0"，以自动新建一个关键帧，形成字幕由大到小的动画效果；按住Shift键选中两个关键帧后右击，在弹出的快捷菜单中选中【贝塞尔曲线】命令，将直线关键帧点变成曲线点。单击【缩放】前的展开按钮■，展开缩放速度图，用鼠标调整曲线，使得动画的速度越来越慢。注意在该过程中不要改变两处关键帧【缩放】值的大小，如图6-137所示。

图 6-137　设置字幕缩放动画

(5) 展开【效果】面板中的【视频效果】文件夹，在【透视】文件夹中选择视频特效【基本3D】，将之拖到"字幕01"上。在【效果控件】面板中展开【基本 3D】特效，在 00:00:02:00 处，单击【旋转】属性前的码表 ，新建一个关键帧，设置【旋转】为"0.0"。在 00:00:04:00 处，修改【旋转】的值为"360"，以自动新建一个关键帧，形成字幕围绕 Y 轴旋转的动画效果，如图 6-138所示。

图 6-138　设置字幕的旋转动画

(6) 右击"字幕 01"素材，在弹出的快捷菜单中选择【嵌套】命令，新建一个"嵌套序列 01"。在【视频效果】文件夹中的【时间】文件夹中选择特效【残影】，将之拖到"嵌套序列 01"上，在【效果控件】面板中展开【残影】特效，设置【残影时间】为"-0.2"，【残影数量】为"2"，【起始强度】为"1.0"，【衰减】为"0.6"，【残影运算符】为【最大值】。

(7) 按空格键或回车键浏览效果，最后执行【文件】|【保存】命令，保存项目文件。

习　题

1. Premiere Pro CC 2018 中的视频特效有哪些分类？
2. 如何方便地查找视频特效？
3. 简述应用视频特效的步骤。
4. 删除视频特效有哪些方法？
5. 如何临时停用素材中已应用的视频特效？
6. 如何复制一个素材片段的所有的效果值到另一个片段？简述其步骤。
7. 哪种效果可以将画面没有选中的颜色范围变为黑色或者白色，选中部分仍然保持原样？

使用外挂滤镜

学习目标

Premiere 中的滤镜是一种后期处理技术。在编辑作品时应用外挂滤镜能使制作出的作品具有十分独特而精彩的效果，因此深受影视制作人员的青睐。Premiere Pro CC 2018 的外挂滤镜众多，本章将详细介绍其中几个最典型外挂滤镜的应用：Shine 光效、3D Stroke、Boris 系列、Knoll Light Factory 和 FL Volumetrics 等。通过外挂滤镜应用实例制作的演示，使读者在了解外挂滤镜的基础知识，掌握应用外挂滤镜制作特效的同时，进一步领略 Premiere Pro CC 2018 的强大功能。

本章重点

- ◉ 外挂滤镜的基础知识
- ◉ 常用外挂滤镜的应用：Shine 光效、3D Stroke、Boris 系列、Knoll Light Factory 和 FL Volumetrics

任务 1　认识外挂滤镜

一般来说，一个大型软件在开发的过程中，常会只着眼于大的功能方面，而将一些人性化和细节化的东西忽略。于是，外挂程序文件就诞生了，它们往往是由一些小公司开发出来的程序，有的可以单独运行，有的必须挂靠在大型软件上面，类似一种寄生程序。由于它们能实现的功能恰巧是大型软件所缺少的，从某种意义上说，是增加了大型软件的功能，因此大多数公司对这样的程序也比较欢迎。

Premiere 中的外挂滤镜就是一种挂靠在 Premiere 上的寄生程序。随着影视制作技术的不断发展，Premiere 中的外挂滤镜也如雨后春笋般涌现。要想在影视编辑中应用外挂滤镜来制作特效，需要先下载相关插件，将其复制或安装到相应文件夹中才可以使用。

任务 2 应用外挂滤镜

Premiere Pro CC 2018 中的外挂滤镜众多，由于篇幅关系，本章将重点介绍其中较为常见的外挂滤镜的应用：Shine 光效、3D Stroke、Boris 系列、Knoll Light Factory 和 FL Volumetrics 等，使用户在学习应用外挂滤镜制作特效的基础上，对 Premiere Pro CC 2018 中外挂滤镜的应用有初步了解，并掌握外挂滤镜的应用技巧。

7.2.1 Shine 光效

【例 7-1】 利用 Shine 插件制作光芒四射的文字效果。

1) 效果说明

Shine 是使用频率较高的外挂滤镜之一，它操作简单，效果显著。利用 Shine 特效可制作多种光效，如光芒的放射效果、光芒的扫动效果、光芒的位置动画以及不同颜色的光效等，效果图如图 7-1 所示。

图 7-1 效果图

2) 操作要点

设置 Shine 外挂滤镜的主要参数，通过设定关键帧实现制作效果。

3) 操作步骤

(1) 运行 Premiere Pro CC 2018，打开欢迎界面，单击【新建项目】按钮，打开【新建项目】对话框，如图 7-2 所示。在该对话框中，采用默认设置，选择项目的保存路径及输入名称 "Ch07-1" 后，单击【确定】按钮后，进入主程序界面。

(2) 单击【文件】|【新建】|【序列】命令，此时系统将弹出【新建序列】对话框。在【序列预设】选项卡中，选择国内电视制式通用的【DV-PAL】|【标准 48 kHz】，序列名称默认为【序列 01】，如图 7-3 所示，单击【确定】按钮。

(3) 选择【文件】|【新建】|【旧版标题】命

图 7-2 新建项目

令，打开【新建字幕】对话框，采用默认设置，字幕文件名为【字幕01】，如图7-4所示。

图7-3　【序列预设】选项卡　　　　　　　图7-4　【新建字幕】对话框

（4）确定后进入字幕编辑窗口，输入文字"追求卓越"，设置【字体系列】为"方正黑体"，设置【字体大小】为"44.0"，【字符间距】为"22.0"，设置文字【水平居中】和【垂直居中】，【填充类型】为"实底"，颜色为"白色"，如图7-5所示。

（5）在【项目】窗口中将【字幕01】文件拖到V1轨道上，设置字幕文件的持续时间为5s。

（6）在【效果】面板中展开【视频效果】文件夹，再展开"Trapcode"文件夹，如图7-6所示；将Shine特效拖至V1轨道的"字幕01"上；展开【效果控件】面板，展开Shine特效，展开Pre-Process，选中Use Mask，设置Mask Radius为"75.0"，设置Mask Feather为"100.0"；设置Ray Length为5.0，设置Boost Light为"10.0"；展开Colorize，设置Colorize为"One Color"，设置颜色为"#D17CF5"，设置Blend Mode为"Add"，如图7-7所示。

图7-5　编辑字幕　　　　　　　　　　　　图7-6　展开Shine特效

图 7-7 Shine 特效参数设置

(7) 在【效果控件】面板中单击 Shine 特效的名字 "shine"，此时，在【节目】窗口中可以看到光源点。在 00:00:01:00 处，单击 Source Point 前的码表 ◯ 创建一个关键帧，将光源点拖到文字的左边(位置为 "220.0, 288.0")；在 00:00:04:00 处再新建一个关键帧，将光源点拖到文字的右边(位置为 "495, 288.0")；在 00:00:02:12 处新建一个关键帧，将光源点拖到文字中间的下方(位置为 "358.6, 292.0")，如图 7-8 所示。完成光线扫动的动画效果，按空格键可浏览动画效果。

图 7-8 源点动画设置

(8) 在 00:00:01:00 处，单击 Shine Opacity 前的码表 ◯ 新建一个关键帧，设置不透明度为 "0.0"；在 00:00:01:05 处新建一个关键帧，设置不透明度为 "100.0"；在 00:00:03:20 处新建一个关键帧，设置不透明度为 "100.0"，如图 7-9 所示；在 00:00:04:00 处，再新建一个关键帧，设置不透明度为 "0.0"，完成不透明度的动画制作。

图 7-9 透明度动画设置

(9) 单击【时间线】窗口，按空格键或回车键浏览效果，最后执行【文件】|【保存】命令，保存项目文件。

利用 Shine 特效还可以制作出多种光效，如光芒的扫动效果、光芒的位置动画以及不同颜色的光效等，用户可自行尝试制作。

7.2.2 3D Stroke

【例 7-2】 利用 3D Stroke 插件制作旋转等绚丽特效。

1) 效果说明

本例主要利用 3D Stroke 外挂滤镜制作旋转等绚丽特效，效果图如图 7-10 所示。

图 7-10 效果图

2) 操作要点

设置 3D Stroke 外挂滤镜的主要参数，利用关键帧完成特效制作。

3) 操作步骤

(1) 运行 Premiere Pro CC 2018，打开欢迎界面，单击【新建项目】按钮，打开【新建项目】对话框，如图 7-11 所示。在该对话框中，采用默认设置，选择项目的保存路径及输入名称"Ch07-2"后，单击【确定】按钮，进入主程序界面。

(2) 选择【文件】|【新建】|【序列】命令，此时系统将弹出【新建序列】对话框。在【序列预设】选项卡中，选择国内电视制式通用的【DV-PAL】|【标准 48 kHz】，序列名称默认为【序列01】，如图 7-12 所示，单击【确定】按钮。

图 7-11 【新建项目】对话框

图 7-12 【序列预设】选项卡

(3) 选择【编辑】菜单中的【首选项】命令，在打开的对话框中选择【时间轴】选项，设置【静止图像默认持续时间】为"125 帧"，如图 7-13 所示。在【项目】窗口中，单击右下角的【新建项】按钮 ，在弹出的如图 7-14 所示的菜单中选择【黑场视频】命令，新建一个"黑场视频"，并将之拖到 V1 轨道上，如图 7-15 所示。

图 7-13　设置静止图像默认持续时间

图 7-14　新建黑场视频文件

图 7-15　将黑场视频拖到 V1 轨道上

（4）在【效果】面板中展开【视频效果】文件夹，展开【Trapcode】文件夹，如图 7-16 所示，将 3D Stroke 特效拖到 V1 轨道上的"黑场视频"上。展开【效果控件】面板，展开【3D Stroke】特效，设置【Presets】为"Basic Square"，【ScaleX】为"0.8"，【ScaleY】为"0.8"，【Thickness】为"5.0"。展开【Repeater】属性，选中"Enable"，设置【Instances】为"4"，【Factor】为"1.2"，如图 7-17 所示。

图 7-16　找到 3D Stroke 特效

图 7-17　设置"黑场视频"上【3D Stroke】特效的参数

(5) 展开【Repeater】属性，在 00:00:00:00 处单击【Y Rotation】前的码表 ⊙ 新建一个关键帧，修改【Y Rotation】的值为 "45.0"；在 00:00:01:00 处，单击【添加/移除关键帧】按钮 ◆ 再新建一个关键帧，更改【Y Rotation】的值为 "0.0"，形成每个矩形副本围绕 Y 轴进行旋转的动画，如图 7-18 所示。

图 7-18　各个矩形副本围绕 Y 轴旋转的动画设置

(6) 展开【Transform】属性，在 00:00:00:00 处单击【Y Rotation】前的码表 ⊙ 新建一个关键帧，修改【Y Rotation】的值为 "180.0"；在 00:00:01:00 处，单击【添加/移除关键帧】按钮 ◆ 再新建一个关键帧，更改【Y Rotation】的值为 "0.0"，形成矩形群整体围绕 Y 轴进行旋转的动画，如图 7-19 所示。

图 7-19　矩形群围绕 Y 轴旋转的动画设置

(7) 展开【Repeater】，单击【Instances】前的码表 ⊙ 新建一个关键帧，修改【Instances】的值为 "10"。在 00:00:00:20 处，更改【Instances】的值为 "6" 新建一个关键帧；在 00:00:01:00 处，更改【Instances】的值为 "0" 新建一个关键帧；在 00:00:01:05 处，更改【Instances】的值为 "5" 新建一个关键帧，形成矩形副本由多到少、再由少到多的动画，如图 7-20 所示。

图 7-20　矩形副本数目变化的动画设置

(8) 展开【Repeater】属性，在 00:00:01:00 处单击【Scale】前的码表 ⊙ 新建一个关键帧。在 00:00:02:00 处，更改【Scale】的值为 "380.0" 新建一个关键帧，形成矩形由远及近的动画，如图 7-21 所示。

计算机基础与实训教材系列

图 7-21　矩形由远及近的动画设置

(9) 展开【Repeater】属性，修改【Z Displace】的值为 "0.0"。在 00:00:00:00 处单击【X Displace】前的码表新建一个关键帧，修改【X Displace】的值为 "50.0"，在 00:00:01:00 处，修改【X Displace】的值为 "0.0"，新建一个关键帧，形成各个矩形在 X 方向上偏移的动画；修改【Factor】的值为 "2.0"，保证各矩形间的间距更加合适，如图 7-22 所示。

图 7-22　各矩形在 X 方向上偏移的动画设置

(10) 在【项目】窗口中导入素材 "logo.jpg"，在【时间线】窗口中将时间线指针移动到 00:00:01:00 处，将 "logo.jpg" 拖动到 V2 轨道上的时间线指针处，右击该素材，在弹出的快捷菜单中选择【速度/持续时间】命令，在打开的对话框中设置持续时间为 4s(00:00:04:00)，如图 7-23 所示。

(11) 选择 V2 轨道上的 "logo.jpg"，在【效果控件】面板中，展开【运动】属性，设置【缩放】为 "21.0"，以保证图片素材与矩形框等大，如图 7-24 所示。

(12) 在【效果】面板中展开【视频效果】文件夹，展开【生成】文件夹，将特效【渐变】拖到 V1 轨道上的 "黑场视频" 上。在【效果控件】面板中展开【渐变】特效，选择【起始颜色】后的吸管按钮 ，用鼠标在【项目】窗口中单击 "logo.jpg" 左上角的白色区域，使起始颜色为白色；再单击【结束颜色】后的吸管按钮 ，用鼠标在【项目】窗口中单击 "logo.jpg" 右下角的浅红色区域，使结束颜色为浅红色；单击【渐变】属性，在【项目】窗口中会出现渐变色的起点和终点，用鼠标将起点拖到 "logo.jpg" 的左上角，将终点拖到 "logo.jpg" 的右下角，如图 7-25 所示。

图 7-23　设置【V2】素材的持续时间

图 7-24 设置矩形与素材等大

图 7-25 【渐变】特效参数设置

(13) 选择 V1 轨道上的"黑场视频",在【效果控件】面板中展开【运动】属性。在 00:00:00:00 处,单击【位置】前的码表 新建一个关键帧,修改【位置】的值为"870.0,288.0";在 00:00:00:10 处,修改【位置】的值为"360.0,288.0"新建一个关键帧,形成矩形框从右到窗口中间移动的动画效果,如图 7-26 所示。

图 7-26 矩形框位置的动画设置

(14) 单击【时间线】窗口,按空格键或回车键浏览效果,最后执行【文件】|【保存】命令,保存项目文件。

7.2.3 Boris 系列

Boris 滤镜是 Boris 公司开发的部分插件。Boris 系列外挂滤镜有多种效果,如 Boris Alpha Spotlight、Boris Blu、Boris Page Turn、Boris RevSpotlight、Boris RipplePro、Boris Directional Blur、Boris DVE、Boris Gaussian Blur 和 Boris Light Sweep 等。由于推出时间较早,其中不少滤镜已不太常用,但其中一些简单而实用的效果一直被影视制作人员所看好,如三维空间效果插件 Boris Sphere、Boris Cube 和 Boris Cylinder 的应用面十分广泛。

【例 7-3】　利用 Boris 插件中的 BCC Sphere 特效制作"节目预告"。

1）效果说明

对素材中的视频素材应用 Boris 插件中的 BCC Sphere 特效实现视频球体旋转，结合文字布局，制作"节目预告"，效果如图 7-27 所示。

图 7-27　效果图

2）操作要点

调整 BCC Sphere 中的各项参数，并创建关键帧，实现球体形状的变化和转动。

3）操作步骤

（1）运行 Premiere Pro CC 2018，打开欢迎界面，单击【新建项目】按钮，打开【新建项目】对话框，如图 7-28 所示。在该对话框中，采用默认设置，选择项目的保存路径及输入名称"ch07-3"后，单击【确定】按钮，进入主程序界面。

（2）单击【文件】|【新建】|【序列】命令，此时系统将弹出【新建序列】对话框。在【序列预设】选项卡中，选择国内电视制式通用的【DV-PAL】|【标准 48 kHz】，序列名称默认为【序列 01】，如图 7-29 所示，单击【确定】按钮。

计算机基础与实训教材系列

图 7-28　【新建项目】对话框

图 7-29　【序列预设】选项卡

（3）在【项目】窗口中单击右下角的【新建项】按钮，选择【颜色遮罩】，新建一个颜色为"#DCCC1B"的"颜色遮罩"，如图 7-30 所示，将"颜色遮罩"拖到 V1 轨道上；在【项目】窗口中导入视频素材"动物世界片头片段.avi"，并将之拖到 V2 轨道上，将"颜色遮罩"的时间延长至与"动物世界片头片段.avi"的时间相同，如图 7-31 所示。

图 7-30　新建颜色遮罩

图 7-31　将"颜色遮罩"的时间延长

(4) 选中 V2 轨道上的"动物世界片头片段.avi"，在【效果控件】面板中展开【运动】属性，设置【缩放】为"60.0"，【位置】为"450.0，354.0"；在【效果】面板中展开【视频效果】文件夹，展开【BCC11 Perspective】，如图 7-32 所示，将特效【BCC Sphere】拖到 V2 轨道上的"动物世界片头片段.avi"；在【效果控件】中展开【BCC Sphere】特效，展开【Geometry】属性，设置【Wrap Percentage】为"51.0"，【Scale】为"135.0"，如图 7-33 所示。

图 7-32　BCC Sphere 特效

图 7-33　BCC Sphere 特效参数设置

(5) 在 00:00:20:00 处，分别单击【Wrap Percentage】和【Scale】前的码表，新建相应属性上的关键帧；在 00:00:20:05 处，分别修改【Wrap Percentage】为"100.0"，【Scale】为"170.0"，以形成视频由平面到球面的动画效果；在 00:00:20:05 处，再单击【Spin】前的码表新建一个关键帧，设置【Spin】的值为"0.0"。在 00:00:35:00 处，修改【Spin】的值为"2x"后自动新建一个关键帧，形成球体旋转的动画效果，如图 7-34 所示。

图 7-34　动画设置

(6) 选择【文件】|【新建】|【旧版标题】命令，在弹出的【新建字幕】对话框中，将字幕命名为"节目预告"，如图 7-35 所示，单击【确定】按钮。在【字幕编辑器】中先选择【直线工具】

绘制一条横线和一条竖线，设置【填充类型】为"实底"，【颜色】为"白色"，选中【阴影】；用【垂直文字工具】输入"节目预告"，设置【字体系列】为"宋体"，【字符间距】为"15.0"，【字体大小】为"70.0"，【填充类型】为"实底"，【颜色】为"白色"；输入"今晚"，设置【字体系列】为"方正大黑简体"，【字符间距】为"10.0"，【字体大小】为"40.0"，【填充类型】为"实底"，【颜色】为"白色"；再输入"20:05"，设置【字体系列】为"方正大黑简体"，【字符间距】为"5.0"，【字体大小】为"30.0"，【填充类型】为"实底"，【颜色】为"白色"；分别为 3 种文字都添加【阴影】，添加【外侧边】，参数采用默认设置，并调整 3 种文字的位置，效果如图 7-36 所示。

图 7-35　【新建字幕】对话框

图 7-36　在字幕编辑器中设计字幕

（7）将字幕文件"节目预告"拖到 V3 轨道上，将其持续时间设置为 40s。

（8）单击【项目】窗口右下角的【新建项】按钮，选择【字幕】命令，在弹出的【新建字幕】对话框中，将字幕命名为"动物世界"，单击【确定】按钮；在打开的【字幕编辑器】中输入"动物世界"，设置【字体系列】为"华文琥珀"，【字体大小】为"68.0"，【字符间距】为"12.0"，【填充类型】为"实底"，【颜色】为"#E89504"；添加外描边，设置【类型】为"边缘"，【大小】为"25.0"，【填充类型】为"实底"，【颜色】为"白色"；添加内描边，设置【类型】为"边缘"，【大小】为"10.0"，【填充类型】为"实底"，【颜色】为"白色"，将字幕居中于屏幕，效果如图 7-37 所示。

（9）在【时间线】窗口中，右击左边的空白处，在弹出的快捷菜单中选择【添加轨道...】命令，在打开的【添加轨道】对话框中添加 1 条视频轨道，0 条音频轨道和 0 条音频子混合轨道，如图 7-38 所示，单击【确定】按钮。

图 7-37　新建"动物世界"字幕

图 7-38　添加视频轨道

(10) 将时间线指针移动到 00:00:35:00 处，将"动物世界"字幕文件拖到 V4 轨道上的时间线指针处，设置其持续时间为 5s；在【效果控件】面板中，展开【运动】属性，设置【位置】为"450.0,366.0"；在 00:00:35:00 处，单击【缩放】属性前的码表 新建一个关键帧，设置【缩放】为"0.0"；在 00:00:37:00 处，修改【缩放】的值为"100.0"，新建一个关键帧，形成字幕由小到大的动画效果；在【效果】面板中展开【视频效果】文件夹，展开【透视】文件夹，将特效【基本 3D】拖到 V4 轨道上的字幕文件"动物世界"上；在【效果控件】面板中展开【基本 3D】特效；在 00:00:35:00 处，单击【旋转】属性前的码表 新建一个关键帧，设置【旋转】的值为"0.0"；在 00:00:37:00 处，修改【旋转】的值为"1x"，新建一个关键帧，形成字幕旋转一周的动画效果，如图 7-39 所示。

图 7-39　字幕文件的动画设置

(11) 单击【时间线】窗口，按空格键或回车键浏览效果，最后执行【文件】|【保存】命令，保存项目文件。

Boris 系列中的特效还有很多，其中三维空间效果的特效也有不少，用户可自行尝试其他特效的应用。

7.2.4　Knoll Light Factory 特效

Knoll Light Factory 特效是 After Effects 中的镜头光斑工厂插件，它为 Premiere Pro CC 2018 提供了众多类型的点光效果。该特效的应用可为视频添加非常出色的点光效果，而且适当的点光效果会使画面增色很多。

本节将介绍如何应用 Knoll Light Factory 特效制作点光闪耀的效果。

【例 7-4】　利用 Knoll Light Factory 插件实现点光闪耀的效果。

1) 效果说明

运用 Knoll Light Factory 效果实现光晕的转换和流逝效果，效果如图 7-40 所示。

图 7-40 效果图

2) 操作要点

设置 Knoll Light Factory 外挂滤镜的主要参数,通过设定关键帧实现特效的制作。

3) 操作步骤

(1) 运行 Premiere Pro CC 2018,打开欢迎界面,单击【新建项目】按钮,打开【新建项目】对话框,如图 7-41 所示。在该对话框中,采用默认设置,选择项目的保存路径及输入名称"Ch07-4"后,单击【确定】按钮,进入主程序界面。

(2) 选择【文件】|【新建】|【序列】命令,此时系统将弹出【新建序列】对话框。在【序列预设】选项卡中,选择国内电视制式通用的【DV-PAL】|【标准 48 kHz】,序列名称默认为【序列01】,如图 7-42 所示,单击【确定】按钮。

计算机 基础与实训教材系列

图 7-41 【新建项目】

图 7-42 【序列预设】选项卡

(3) 选择【文件】|【新建】|【旧版标题】命令,打开【新建字幕】对话框,采用默认设置,字幕文件名为"字幕 01",单击【确定】按钮后进入字幕编辑窗口。选择"输入工具(T)"输入文字"Adobe Premiere Pro CC",设置字体为"Adobe Arabic",字体样式为"Bold",字体大小为"72.0"。选择"选择工具(V)",在【居中】面板中设置文字【水平居中】和【垂直居中】,文字填充颜色为"#F2FB06",如图 7-43 所示,最后关闭字幕编辑窗口。

(4) 单击【项目】窗口下方的【新建项】按钮 ,选择【黑场视频】,新建一个黑场视频,参数采用默认设置,如图 7-44 所示。将字幕和黑场视频分别拖到 V1 轨道和 V2 轨道上。

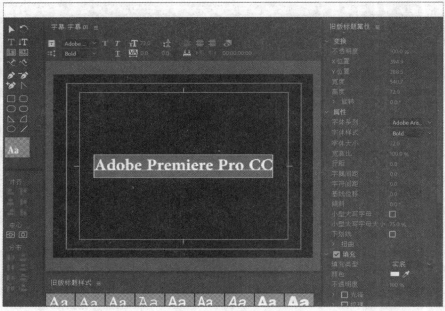

图 7-43　新建字幕

（5）在【效果】面板中展开【视频效果】文件夹，再展开【Knoll Light Factory】文件夹，如图 7-45 所示，将【Light Factory EZ】特效拖至 V2 轨道上的黑场视频上。展开【效果控件】面板，展开【不透明度】属性，将【混合模式】设置为"变亮"。再展开【Light Factory EZ】特效，设置【Flare Type】为"Six Point Star 3"，设置【Scale】为"0.30"，如图 7-46 所示。

图 7-44　新建黑场视频

图 7-45　展开【Light Factory EZ】特效

图 7-46　特效参数设置

(6) 在 00:00:00:00 处，单击【Light Source Location】前的码表 ⏱ 创建一个关键帧，单击特效名称获得光源点，将光源点拖到字母 "A" 的上方；在 00:00:00:10 处，创建一个关键帧，将光源点拖到字母 "e" 的下方；在 00:00:00:20 处，创建一个关键帧，将光源点拖到字母 "P" 的上方；在 00:00:01:05 处，创建一个关键帧，将光源点拖到字母 "C" 的右下方。选中 4 个关键帧点，然后右击，在弹出的快捷菜单中选择【临时插值】|【定格】命令，以保证光源在运动过程中在 4 个点上跳跃运动，效果如图 7-47 所示。

图 7-47　设置光源的移动动画

(7) 在 00:00:00:00 处，单击【Brightness】前的码表 ⏱ 创建一个关键帧，设置【Brightness】为 0.0；在 00:00:00:05 处，创建一个关键帧，设置【Brightness】为 100.0；在 00:00:00:10 处，创建一个关键帧，设置【Brightness】为 0.0，在 00:00:00:15 处，创建一个关键帧，设置 Brightness 为 100.0；在 00:00:00:20 处，创建一个关键帧，设置【Brightness】为 0.0；在 00:00:01:00 处，创建一个关键帧，设置【Brightness】为 100.0；在 00:00:01:05 处，创建一个关键帧，设置【Brightness】为 0.0；在 00:00:01:10 处，创建一个关键帧，设置【Brightness】为 100.0；在 00:00:01:15 处，创建一个关键帧，设置【Brightness】为 0.0，以实现星光闪烁的效果，如图 7-48 所示。

计算机基础与实训教材系列

图 7-48　设置星光闪烁动画

(8) 在 00:00:01:10 处，单击【Flare Type】前的码表 ⏱ 创建一个关键帧；在 00:00:01:15 处，设置【Flare Type】的值为 "Pv1"，如图 7-49 所示，将星光转换成蓝色线性光；在 00:00:01:22 处将【Brightness】的值改为 "100.0" 新建一个关键帧，显示蓝色光。

图 7-49　转换光源类型

(9) 在 00:00:01:22 处，单击【Light Source Location】属性后的【添加/删除关键帧】按钮 新建一个关键帧，右击该关键帧，在弹出的快捷菜单中选择【临时插值】|【线性】命令，将关键帧改为线性关键帧；在 00:00:03:06 处，再新建一个关键帧，单击特效名称以获得光源点，并将光源点拖到字母 "A" 的左下方，右击该关键帧，在弹出的快捷菜单中选择【临时插值】|【线性】命令，将关键帧改为线性关键帧，效果如图 7-50 所示。

图 7-50　光线线性移动设置

(10) 在 00:00:02:24 处，单击【Brightness】属性后的【添加/删除关键帧】按钮 新建一个关键帧，参数值不变；在 00:00:03:06 处，修改【Brightness】的值为 100.0 以创建一个关键帧，实现光线由有到无的效果，如图 7-51 所示。

图 7-51　光线由有到无的动画设置

(11) 选择【文件】|【新建】|【旧版标题】命令，打开【新建字幕】对话框，采用默认设置，字幕文件名为 "直线"，单击【确定】按钮后进入字幕编辑窗口。用【直线工具】 绘制一条直线，设置【填充类型】为 "实底"，【颜色】为 "#F2FB06"。单击【显示背景视频】按钮 ，调整直线与文字之间的位置关系，如图 7-52 所示。

图 7-52　直线字幕的设置

(12) 在 00:00:01:20 处,将"直线"字幕放置在 V3 轨道上,设置其结束时间与其余轨道中的素材的结束时间相同。在【效果】面板中展开【视频过渡】文件夹,展开【擦除】文件夹,将视频切换特效【划出】拖至"直线"头部。在【效果控件】面板中,设置一个合适的持续时间,选择【显示实际源】,选择【反向】,如图 7-53 所示。

图 7-53 直线字幕的动画设置

(13) 按空格键或回车键浏览效果,最后执行【文件】|【保存】命令,保存项目文件。

应用 Knoll Light Factory 特效,还可以制作出光芒、光芒动画和划光效果等,用户可自行尝试。

7.2.5 FL Volumetrics 滤镜

FL Volumetrics 是使用频率较高的外挂滤镜之一,它的操作简单,效果显著。利用 FL Volumetrics 特效可制作多种光效,如光芒的放射效果、光芒的扫动效果、光芒的位置动画以及不同颜色的光效等。

【例 7-5】 应用 Frischluft 插件中的 FL Volumetrics 制作文字向周围放射的效果。

1) 效果说明

利用 Frischluft 插件制作光芒四射的文字效果,效果图如图 7-54 所示。

图 7-54 FL Volumetrics 效果图

2) 操作要点

设置 Frischluft 外挂滤镜的主要参数,利用关键帧技术完成特效的制作。

3）操作步骤

（1）运行 Premiere Pro CC 2018，打开欢迎界面，单击【新建项目】按钮，打开【新建项目】对话框，如图 7-55 所示。在该对话框中，采用默认设置，选择项目的保存路径及输入名称"Ch07-5"后，单击【确定】按钮，进入主程序界面。

（2）执行【文件】|【新建】|【序列】命令，此时系统将弹出【新建序列】对话框。切换到【序列预设】选项卡，选择国内电视制式通用的【DV-PAL】|【标准 48 kHz】，序列名称默认为【序列01】，如图 7-56 所示，单击【确定】按钮。

图 7-55　【新建项目】对话框

图 7-56　【序列预设】选项卡

（3）选择【文件】|【新建】|【旧版标题】命令，打开【新建字幕】对话框，采用默认设置，字幕文件名为"字幕01"，单击【确定】按钮，进入字幕编辑窗口。输入文字"数字视频与特效"，设置【字体系列】为"微软雅黑"，设置【字体大小】为"61.0"，【字符间距】为"10.0"。选择"选择工具(V)"，在【居中】面板中设置文字【水平居中】和【垂直居中】，设置【填充类型】为"实底"，颜色为"白色"，效果如图 7-57 所示。

（4）在【项目】窗口中将将【字幕01】文件拖到 V1 轨道上，设置字幕文件的持续时间为 5s。

（5）在【效果】面板中展开【视频效果】文件夹，再展开【Frischluft】文件夹，如图 7-58 所示。将 FL Volumetrics 特效拖至 V1 轨道的【字幕01】上。切换到【效果控件】面板，展开【FL Volumetrics】特效，单击【origin】左侧的【切换动画】按钮，创建一个关键帧。在【效果控件】面板上单击"FL Volumetrics"字样，将光源点拖到文字的左边(位置为"174.2,280.2")。在 00:00:04:10 处再新建一个关键帧，将光源点拖到文字的右边(位置为"576.0,280.2")，完成光线扫动的动画效果。展开【Light color】选项，将【low color】颜色设置为"# 0A15F3"，【high color】设置为"# 7AF3C4"。如图 7-59 所示。

（6）单击【时间线】窗口，按空格键或回车键浏览效果，最后执行【文件】|【保存】命令，保存项目文件。

图 7-57　编辑字幕

图 7-58　选择 FL Volumetrics 特效

图 7-59　特效参数设置

　　利用 FL Volumetrics 特效还可以制作出多种光效，如光芒的扫动效果、光芒的位置动画以及不同颜色的光效等，用户可自行尝试制作。

拓展训练

　　本拓展训练通过制作【立体旋转相册】，让读者了解 Boris 插件中 BCC Cube 特效的应用。

1) 效果说明

　　本例的画面效果是通过应用 Boris 插件中的 BCC Cube 特效实现的，可以将 6 张图片合成一个立方体，并实现转动效果。效果如图 7-60 所示。

图 7-60　效果图

2) 操作要点

　　本例主要通过调整 BCC Cube 特效中的各项参数并建立关键帧信息，实现生动的转动效果。

中文版 **Premiere Pro CC 2018** 视频编辑实例教程

3）操作步骤

（1）运行 Premiere Pro CC 2018，打开欢迎界面，单击【新建项目】按钮，打开【新建项目】对话框，如图 7-61 所示。在该对话框中，采用默认设置，选择项目的保存路径及输入名称"ch07-6"后，单击【确定】按钮，进入主程序界面。

（2）选择【文件】|【新建】|【序列】命令，此时系统将弹出【新建序列】对话框，如图 7-62 所示。单击【设置】选项卡，设置【编辑模式】为【自定义】，【画面大小】设定为 680px × 453 px，【像素长宽比】为【方形像素(1.0)】，序列名称默认为【序列 01】，单击【确定】按钮。

图 7-61　【新建项目】对话框

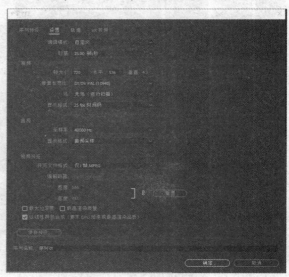

图 7-62　【新建序列】对话框

（3）导入图片素材"1.jpg"～"6.jpg"，在【序列 01】选中的情况下，在【时间线】窗口轨道名称的左侧右击，在弹出的快捷菜单中选中【添加轨道】命令，在弹出的【添加轨道】对话框中添加 3 条视频轨道，0 条音频轨道和 0 条音频子混合轨道，如图 7-63 所示。单击【确定】按钮后就会自动在 V3 轨道的上方建立 V4、V5 及 V6 轨道。将素材图片一一对应地拖到各个视频轨道上，可观察到持续时间默认为 5s，按住 Shift 键将素材全部选中后右击，在弹出的快捷菜单中选择【速度/持续时间】命令，设置持续时间为 10s，单击【确定】按钮后素材的持续时间可持续至 10s，如图 7-64 所示。

图 7-63　添加视频轨道

图 7-64　修改素材的持续时间

(4) 在【效果】面板中展开【视频效果】文件夹，展开【BCC11 Perspective】，选择【BCC Cube】特效，如图 7-65 所示，将之拖到 V1 轨道的素材上，并隐藏 V2~V6 轨道。选中 V1 轨道上的图片素材，展开【效果控件】，展开【BCC Cube】特效，展开【Faces】属性，将【Faces】设为 "Independent"，将立方体的 6 个面分别设置为 "视频 1" ~ "视频 6"，将【Cube Displacement】设为 "1.0"，将【Lock to Scale X】后的复选框选中，并设置【Scale X】为 "20.0"，【Tumble】为 "45.0°"，【spin】为 "35.0°"，Rotate 为 "15.0°"，如图 7-66 所示。

图 7-65　展开【BCC Cube】特效

图 7-66　【BCC Cube】特效参数设置

(5) 在 00:00:00:00 处，单击【Position Z】前的码表新建一个关键帧，设置【Position Z】为 "30.00"；在 00:00:02:00 处新建一个关键帧，设置【Position Z】为 "0.00"，形成图片由远及近的动画效果，如图 7-67 所示。

图 7-67　由远及近的动画设置

(6) 在 00:00:02:00 处，单击【Cube Displacement】前的码表新建一个关键帧；在 00:00:04:00 处新建一个关键帧，设置 Cube Displacement 为 "0.00"，形成 6 个图片组合成 1 个立方体的动画效果，效果如图 7-68 所示。

图 7-68　组合成立方体的动画设置

(7) 在 00:00:04:00 处，单击【Scale X】前的码表 ⏱ 新建一个关键帧；在 00:00:05:00 处新建一个关键帧，设置【Scale X】为 "40.0"，形成立方体由小变大的动画效果，如图 7-69 所示。

图 7-69　立方体由小到大的动画设置

(8) 在 00:00:05:00 处，分别单击【Tumble】【Spin】及【Rotate】前的码表 ⏱ 新建关键帧。在 00:00:09:24 处为【Tumble】新建一个关键帧，设置【Tumble】为 "1x"；为【Spin】新建一个关键帧，设置【Spin】为 "2x"；为【Rotate】新建一个关键帧，设置【Rotate】为 "1x"，形成立方体绕 X 轴、Y 轴及 Z 轴旋转的动画效果，效果如图 7-70 所示。

图 7-70　立方体旋转的动画设置

(9) 单击【时间线】窗口，按空格键或回车键浏览效果，最后执行【文件】|【保存】命令，保存项目文件。

习题

1. 什么是外挂滤镜？
2. 如何在 Premiere Pro CC 2018 中，查看和调用 Boris 系列滤镜？
3. 如何利用 Shine 滤镜制作光芒四射的效果？简述制作步骤。
4. Boris 系列滤镜包含哪些滤镜？
5. 在 Premiere Pro CC 2018 中，如何制作点光闪耀效果？简述制作步骤。

第8章

视 频 合 成

学习目标

在影视制作中，为了增强影片的可观赏性，往往需要将多个剪辑进行叠加处理，这样就能制作出变幻莫测、目不暇接的效果。Premiere Pro CC 2018 具有强大的视频处理能力，可以通过视频透明叠加以及键控技术进行视频合成。本章将详细介绍 Premiere Pro CC 2018 中的各种叠加效果，并说明在使用 Premiere Pro CC 2018 进行影视制作的过程中，如何根据需要选择恰当的叠加处理效果。

本章重点

- ◉ 透明度和叠加
- ◉ 设置透明度
- ◉ 键控技术
- ◉ 遮罩透明
- ◉ 应用遮罩

任务 1 　认识视频合成

视频合成是指将多个图像处理成一个合成图像的过程。因为视频帧在默认状态下都是完全不透明的，所以要进行视频合成就需要使视频帧在某些部分或区域变得透明。用户还可以通过亮度或者色彩的叠加方式来获得合成效果。

8.1.1　不透明度

如果一个剪辑素材部分是透明的，则一定有一部分表示这种透明的信息，在 Premiere 中，剪辑素材的透明信息保存在 Alpha 通道中。

如果剪辑素材的 Alpha 通道不能完全符合用户的需求，则可以结合使用不透明度(Opacity)、遮罩(Mask)、遮片(Matte)和键控(Keying)技术来调整图像的 Alpha 通道，以隐藏剪辑素材的全部或者部分画面。

要通过组合叠加素材来产生特殊效果，每个素材的某些部分必须是透明的，透明效果可以通过介质和软件来产生，在 Premiere 中相关的术语有以下几个。

1. Alpha 通道

对于一些经常使用图形图像处理软件(如 Adobe Photoshop)的读者来说，应该相当熟悉 Alpha 通道。在 Premiere 中，Alpha 通道不可见，因为它主要是用来定义通道中的透明区域的。对于一些导入的素材，Alpha 通道提供了一条途径，可将素材及其自带的透明信息存储在一个文件中而不干扰电影胶片自身的色彩通道。在【监视器】窗口中查看 Alpha 通道时，白色部分代表不透明区域，黑色部分代表透明区域，灰色部分代表部分透明区域。

2. 遮罩(Mask)

Alpha 通道的别称。

3. 遮片(Matte)

遮片是用来定义或修改它的层或其他层的透明区域的文件或通道。在为素材或通道中的某部分定义透明度或没有 Alpha 通道时，使用遮片要比 Alpha 通道方便。

4. 键控(Keying)

键控用来在图像文件中使用特殊的色彩或亮度值来设置不透明度，使与基调色彩相匹配的像素变得透明。利用键控效果删除具有同一色彩的背景是很方便且有效的。

8.1.2 叠加

通过将部分透明的剪辑堆放在不同轨道上，并利用较低轨道中的颜色通道进行叠加可以创建出一种特殊的效果。

使用透明叠加的原理是因为每段剪辑素材都有一定的不透明度(Opacity)，在不透明度为 0%时，图像完全透明；在不透明度为100%时，图像完全不透明；介于两者之间的图像呈半透明。

叠加是将一个剪辑部分地显示在另一个剪辑之上，它所利用的就是剪辑的不透明度。Premiere可以通过对不透明度的设置，为对象制作透明叠加混合效果。

在 Premiere Pro CC 2018 中，每个视频(或图片)素材都有一个默认的【不透明度】效果。在【时间线】窗口中选中一个素材，就可以看到在【效果控件】面板中的视频特效的【不透明度】效果，如图 8-1 所示。展开该效果，就可以调节该素材的不透明度百分比来得到合适的不透明度效果。

建立叠加的效果，是指将叠加轨道(Superimpose Track)上的剪辑叠加到底层的剪辑上，叠加轨道编号较高的剪辑，会叠加在编号较低的叠加轨道剪辑上。叠加就是使上面的素材部分或全部变得透明，使下面的素材能够透过上面的素材显示出来，如图 8-2 所示。在节目片头、片花制作中经常采用这种方法，特别是用于多画面的叠加。

图 8-1 【不透明度】效果选项

图 8-2 不同不透明度的轨道叠加

8.1.3 利用不透明度设置叠加片段

除了在【效果控件】面板中设置不透明度效果外，Premiere 还可以在【时间线】窗口上直接设置素材的不透明度。

将一个素材放置在【时间线】窗口的视频轨道上后，展开轨道，视频素材在显示时会出现一条线，与素材的持续时间等长。右击素材上的按钮 ，在弹出的快捷菜单中选择【不透明度】命令，那么这条线的位置的高低就表示素材的不透明度的多少，使用它可以控制整个素材的不透明度。其默认的不透明度是 100%。

【例 8-1】 创建一个名为 "ch08-1" 的项目，导入一段视频素材，通过【时间线】窗口的关键帧设置视频的不透明度变化效果。

1) 效果说明

运用钢笔工具实现不透明度的转换。

2) 操作要点

学习钢笔工具的使用与操作控制，使用关键帧设置自由度。

3) 操作步骤

(1) 启动 Premiere Pro CC 2018，新建一个名为 "Ch08-1" 的项目文件。按下快捷键 Ctrl + N，新建一个序列。

(2) 选择【文件】|【导入】命令，打开【导入】对话框，导入视频素材 "城市.mov"，如图 8-3 所示。

(3) 从【项目】窗口中将 "城市.mov" 拖入到【时间线】窗口的 V1 轨道上，在弹出的【剪辑不匹配警告】对话框中单击 "更改序列设置" 按钮，结果如图 8-4 所示。

图 8-3 导入素材

图 8-4 在 V1 轨道上放置素材

(4) 在【时间线】窗口中展开 V1 轨道，在素材上就可以看到一条线，右击素材上的按钮，在弹出的快捷菜单中选择【不透明度】命令，如图 8-5 所示。将鼠标移动到渐变线上并向下拖动，不透明度将会发生变化，如图 8-6 所示。用户可以在【节目】窗口中看到变化效果，如图 8-7 所示。

图 8-5　选择【不透明度】命令

图 8-6　拖动渐变线使不透明度发生变化

图 8-7　不透明度变化前后的对比

(5) 将鼠标放在不透明度线的开始处，在按住 Ctrl 键的同时单击，添加一个关键帧控制点，拖动控制点向上到最高处，将其不透明度设定为 100。然后将鼠标放在 00:00:02:00 处，在按 Ctrl 键的同时单击，再添加另一个关键帧控制点，拖动控制点向上到最低处，使其不透明度为 0，结果如图 8-8 所示。

图 8-8　设置关键帧 1

(6) 再将时间线指针移动到00:00:04:00处和结束处，分别添加关键帧控制点，将00:00:04:00处和结束处的不透明度分别调整为0和100，结果如图8-9所示。添加关键帧控制点的另外一种方法是选取【工具栏】面板中的钢笔工具，将鼠标移动到不透明度轨迹线上，当钢笔工具右下方出现"+"时单击。如果想去除多余的关键帧控制点，可以在选中关键帧控制点之后按Delete键实现。

图 8-9　设置关键帧 2

(7) 在【节目】窗口中预演，就会看到使用渐变线产生的不透明度变化效果，如图8-10所示。

图8-10 使用渐变线产生不透明度变化效果预演

任务2 应用键控

键控就是通常所说的抠像，表现为一种分割屏幕的特技，键控按图像中的特定颜色值(使用颜色键或色度键)或亮度值(使用明亮度键)来定义不透明度。当用户键出某个值时，所有具有相似颜色或明亮度值的像素都将变为透明。

键控在电视节目的制作中应用很普遍。它的本质就是【抠】和【填】。【抠】是通过运用虚拟技术，将背景进行特殊透明叠加的一种技术。抠像是影视合成中常用的背景透明方法，它通过对指定区域的颜色进行去除，使其变得透明来完成和其他素材的合成效果。【填】就是将所要叠加的视频信号填到被抠掉的无图像区域，而最终生成前景物体与叠加背景相合成的图像。

在早期的电视制作中，键控技术需要由昂贵的硬件来支持，而且对拍摄背景要求很严格，通常是在高饱和度的蓝色或绿色背景下拍摄，同时对光线的要求也很严格。目前，各种非线性编辑软件与合成软件都能实现键控特技，并且对背景的颜色要求也不十分严格，如 Premiere 和 After Effects 等都提供了最优质的抠像技术。利用多种抠像特效，可以轻易地剔除影片中的背景。

下面对 Premiere Pro CC 2018 中常用的键控效果进行详细的讲解。

8.2.1 色键透明

色键透明是 Premiere 中最常用的透明叠加方式。色键技术通过对在一个颜色背景上拍摄的数字化素材进行键控，指定一种颜色，系统会将图像中所有与其近似的像素键出，使其透明。运用色键透明产生的效果如图 8-11 所示。

图 8-11 运用色键透明产生的效果

Premiere Pro CC 2018 提供了以下几种色键透明叠加方式，包括【超级键】【非红色键】和【颜色键】。

1．【超级键】效果

【超级键】又称【极致键】，是 Premiere Pro CC 2018 中应用最为广泛的键控特效，应用该特效可以使素材中特定的颜色区域变得透明。这种键控可以用于包含一定颜色范围的屏幕为背景的场景，在具有支持的 NVIDIA 显卡的计算机上采用 GPU 加速，从而提高播放和渲染性能。【超级键】的效果如图 8-12 所示。

图 8-12 运用【超级键】的效果

【超级键】效果的参数控制面板如图 8-13 所示，各选项的作用如下。

◉ 【输出】：可以选择【节目】窗口中的观看模式，以方便抠像。有【合成】【Alpha 通道】和【颜色通道】三个选项。

◉ 【设置】：可以选择抠像的强度。

◉ 【主要颜色】：选取要抠除的颜色。

◉ 【遮罩生成】：用于精确抠像，主要包含以下几个参数：

图 8-13 【超级键】效果的参数控制面板

- 【不透明度】：在背景上抠像源后，控制源的不透明度。值的范围从 0 到 100。100 表示完全透明。0 表示不透明，默认值为 45。

- 【高光】：增加源图像的亮区的不透明度。可以使用"高光"提取细节，如透明物体上的镜面高光。值的范围从 0 到 100，默认值为 10，0 表示不影响图像。

- 【阴影】：增加源图像的暗区的不透明度。可以使用"阴影"来校正由于颜色溢出而变透明的黑暗元素。值的范围从 0 到 100，默认值为 50，0 表示不影响图像。

- 【容差】：从背景中滤出前景图像中的颜色。增加了偏离主要颜色的容差，可以使用"容差"移除由色偏所引起的伪像，也可以使用"容差"控制肤色和暗区上的溢出。值的范围从 0 到 100，默认值为 50，0 表示不影响图像。

- 【基值】：从 Alpha 通道中滤出通常由粒状或低光素材所引起的杂色。值的范围从 0 到 100，默认值为 10，0 表示不影响图像。源图像的质量越高，"基值"可以设置得越低。

◉ 【遮罩清除】：用于精确抠出主体边缘，主要参数有：

- 【阻塞】：缩小 Alpha 通道遮罩的大小，执行形态侵蚀(部分内核大小)。阻塞级别值的范围从 0 到 100，100 表示 9×9 内核，0 表示不影响图像，默认值为 0。

  【柔化】：使 Alpha 通道遮罩的边缘变模糊，执行盒形模糊滤镜(部分内核大小)。模糊级别值的范围从 0 到 100，0 表示不影响图像，默认值为 0，100 表示 9×9 内核。

- 【对比度】：调整 Alpha 通道的对比度。值的范围从 0 到 100，0 表示不影响图像，默认值为 0。
  - 【中间点】：选择对比度值的平衡点。值的范围从 0 到 100，0 表示不影响图像。
- ◉ 【溢出抑制】：可以有效地控制色彩校正合成时的颜色偏差。
  - 【降低饱和度】：控制颜色通道背景颜色的饱和度。降低接近完全透明的颜色的饱和度。值的范围从 0 到 50，0 表示不影响图像，默认值为 25。
  - 【范围】：控制校正的溢出的量。值的范围从 0 到 100，0 表示不影响图像。默认值为 50。
  - 【溢出】：调整溢出补偿的量。值的范围从 0 到 100，0 表示不影响图像。默认值为 50。
  - 【亮度】：与 Alpha 通道结合使用可恢复源的原始明亮度。值的范围从 0 到 100，0 表示不影响图像。
- ◉ 【颜色校正】：用于抠像后颜色的调整，主要参数有：
  - 【饱和度】：控制前景源的饱和度。值的范围从 0 到 200，设置为 0 将会移除所有色度，默认值为 100。
  - 【色相】：控制色相。
  - 【明亮度】：控制前景源的明亮度。

2. 【非红色键】效果

使用【非红色键】效果可以从蓝色或者绿色背景产生透明。它允许混合两个素材，还有助于消除较小不透明对象边缘的须边。当需要控制混合时，可以使用该特效键出绿色，或者当【蓝屏键】键出的效果不太满意时，也可以使用这种键控。运用【非红色键】的效果如图 8-14 所示。

图 8-14　运用【非红色键】的效果

【非红色键】效果的参数控制面板如图 8-15 所示，各选项的作用如下。
- ◉ 【阈值】：调整蓝色或者绿色背景的不透明度，可以减小数值使得蓝屏或绿屏变成透明。
- ◉ 【屏蔽度】：调节前景图像的对比度，可以增大数值以达到想要的效果。
- ◉ 【去边】：指定消除素材不透明区域边缘残留的蓝色或绿色，选择【无】则不消除须边，选择【绿色】或【蓝色】则分别消除绿屏或蓝屏素材残留的须边。
- ◉ 【平滑】：控制透明与不透明区域之间边界的柔和度。
- ◉ 【仅蒙版】：选中复选框则只显示素材的 Alpha 通道。

3. 【颜色键】效果

使用【颜色键】效果后被选择的一种颜色或颜色范围会变得透明。通过控制键控的色彩宽容度可以调节透明的效果。通过对键控边缘的羽化，可以消除毛边区域。

【颜色键】效果的参数控制面板如图 8-16 所示，各选项的作用如下。

图 8-15　【非红色键】效果的参数控制面板　　　　图 8-16　【颜色键】效果的参数控制面板

- ◉　【主要颜色】：指定要设置为透明的颜色。
- ◉　【颜色容差】：指定键控颜色的宽容度，数值越大则表示有更多的与指定颜色相近的颜色被处理成透明。
- ◉　【边缘细化】：调节键控区域的边缘，数值为正则扩大屏蔽范围，反之则缩小屏蔽范围。
- ◉　【羽化边缘】：用于羽化键控区域的边缘。

运用【颜色键】的效果如图 8-17 所示。

图 8-17　运用【颜色键】的效果

8.2.2　遮罩透明

　　遮罩是一个轮廓，为对象定义遮罩后，将建立一个透明区域，该区域显示其下层图像。使用遮罩透明方式需要为透明对象指定一个遮罩对象。

　　Premiere Pro CC 2018 提供了以下遮罩键效果，分别为【图像遮罩键】【差值遮罩】【移除遮罩】和【轨道遮罩键】。

1.　【图像遮罩键】效果

　　【图像遮罩键】效果可以使用一个遮罩图像的 Alpha 通道或者亮度值来确定素材的透明区域。为了得到可预测的结果，可以选择一个灰度图像作为图像遮罩。这样画面中的白色区域部分会保持不透明的状态，而黑色部分则是全透明的，其他介于黑白之间的部分将呈现出不同程度的透明状态。选择有颜色的图像作为遮罩，会改变素材的颜色，图像遮罩中的任意颜色都会消除键控素材中相同级别的颜色。例如，与图像遮罩中的红色区域相对应的素材中的白色区域将显示为蓝绿色，因为素材中的红色变成透明，而蓝色和绿色仍保留了源素材的值。

运用【图像遮罩键】的效果如图 8-18 所示，而图 8-19 所示的是用到的遮罩图像。

图 8-18 运用【图像遮罩键】的效果

【图像遮罩键】效果的参数控制面板如图 8-20 所示，各选项的作用如下。

图 8-19 用到的遮罩图像 图 8-20 【图像遮罩键】效果的参数控制面板

- 【合成使用】：若选择【Alpha 遮罩】，将使用图像的 Alpha 通道的值进行合成；若选择【亮度遮罩】，将使用图像的亮度值进行合成。
- 【反向】：选中【反向】复选框将使透明区域颠倒。

2.【差值遮罩】效果

【差值遮罩】通过素材与一个指定的图像进行对比并消除素材中与图像匹配的区域来产生透明，可以用来消除两个素材中相同的部分而保留不同的部分。

使用【差值遮罩】可以替换一个运动对象后面的静态背景，通常指定的图像就是运动对象进入场景前背景素材中的一帧图像。所以，【差值遮罩】最好用在使用固定机位拍摄的镜头。

运用【差值遮罩】的效果如图 8-21 所示，而图 8-22 所示的是用到的差值层遮罩图像。

图 8-21 运用【差值遮罩】的效果

【差值遮罩】效果的参数控制面板如图 8-23 所示，各选项的作用如下。

图 8-22　用到的差值层遮罩图像

图 8-23　【差值遮罩】效果的参数控制面板

- ◉　【视图】：控制显示方式。选择【最终输出】可以看到最后的键控效果；选择【仅限源】显示源素材；选择【仅限遮罩】可以查看键控范围。通过查看不同的显示方式并进行对照可以获得满意的效果。
- ◉　【差值图层】：选择进行差异键控的素材轨道。
- ◉　【如果图层大小不同】：选择在键控素材与差异素材大小不同时的适配方式，有【居中】和【伸展以适合】两种方式。
- ◉　【匹配容差】：扩大或者缩小变成透明的区域范围，数值越大则范围越大。
- ◉　【匹配柔和度】：控制透明与不透明区域之间边界的柔和度。
- ◉　【差值前模糊】：为遮罩添加模糊效果。

3.【移除遮罩】效果

使用【移除遮罩】可以取出经过颜色相乘后的片段中的杂色，这在将具有填充纹理的文件的 Alpha 通道进行结合的时候特别有用。用户可以从【遮罩类型】下拉列表中选择【黑色】或者【白色】。【移除遮罩】效果的参数控制面板如图 8-24 所示。

4.【轨道遮罩键】效果

应用【轨道遮罩键】可以显示一个素材穿过另一个素材，使用第 3 个文件作为

图 8-24　【移除遮罩】效果的参数控制面板

遮罩产生透明区域。这个效果需要两个素材和一个遮罩，而且每个素材都放在各自的轨道中，可以将作为遮罩的整个轨道隐藏。遮罩中的白色区域在添加素材后是不透明的，可以防止下层轨道的素材透过显示出来；遮罩中的黑色区域是完全透明的；而灰色区域则是半透明的。

一个包含运动的遮罩称为运动遮罩。遮罩可以由运动素材组成。将静态图像应用运动效果作为遮罩，可以改变遮罩的大小，设置遮罩随时间而变化。创建遮罩有多种方式，可以使用字幕编辑器创建文字或者几何图形，然后导入该字幕作为遮罩；也可以使用色键将素材键出，再选择【只

有遮罩】选项，从而创建遮罩；还可以在 Adobe Illustrator 或者 Adobe Photoshop 中创建一个灰度图像作为遮罩使用。

【轨道遮罩键】效果中选作遮罩的素材轨道只能位于本素材轨道的上层而不能位于本素材轨道的下层。

运用【轨道遮罩键】的效果如图 8-25 所示。

图 8-25　运用【轨道遮罩键】的效果

【轨道遮罩键】效果的参数控制面板如图 8-26 所示，各选项的作用如下。

- ⊙ 【遮罩】：选择作为遮罩的素材轨道。
- ⊙ 【合成方式】：选择【Alpha 遮罩】将使用图像的 Alpha 通道的值进行合成；选择【亮度遮罩】将使用图像的亮度值进行合成。
- ⊙ 【反向】：选中【反向】复选框将使透明区域颠倒。

图 8-26　【轨道遮罩键】效果的参数控制面板

8.2.3　其他键控类型

1.【Alpha 调整】效果

应用【Alpha 调整】效果可以按照前面画面的灰度等级来决定叠加的效果。如果用户想要改变最终渲染时不同效果的渲染次序，可以使用【Alpha 调整】效果来代替剪辑自动获得的【不透明度】效果。改变不透明度的百分比可以获得不同的透明效果。

计算机 基础与实训教材系列

【Alpha 调整】效果的参数控制面板如图 8-27 所示，各选项的作用如下。

◉ 【忽略 Alpha】：在剪辑图像的 Alpha 通道部分创建不透明的效果。

◉ 【反转 Alpha】：在图像的不透明部分创建透明效果，而在图像的 Alpha 通道部分创建不透明效果。

◉ 【仅蒙版】：只显示素材的 Alpha 通道。

图 8-27　【Alpha 调整】效果的参数控制面板

2. 【亮度键】效果

应用【亮度键】效果可以将被叠加的图像的灰度值设置为透明而保持色度不变。此效果对于画面明暗对比较为强烈的图像十分有用，各选项的作用如下。

◉ 【阈值】：调节被叠加图像灰度部分的不透明度。

◉ 【屏蔽度】：调节被叠加图像的对比度。

运用【亮度键】的效果如图 8-28 所示。

图 8-28　应用【亮度键】的效果

任务 3　应用遮罩

在进行视频合成制作中，不仅需要设置素材本身的不透明度进行叠加，还需要遮罩进行辅助以得到满意的效果。

8.3.1 应用【图像遮罩键】

【图像遮罩键】使用一个遮罩图像的 Alpha 通道或者亮度值来确定素材的透明区域。可以根据需要在 Illustrator 或者 Photoshop 中创建一个灰度图像作为遮罩使用。

【例 8-2】 创建一个名为 "Ch08-2" 的项目，导入两段视频素材，为 V2 轨道的素材应用【图像遮罩键】效果。

1) 效果说明

完成图像遮罩的效果。

2) 操作要点

运用外部导入的 mask 文件，使用【图形遮罩键】实现遮罩效果。

3) 操作步骤

(1) 在 Photoshop 中建立一个 352 px × 288 px 大小的图像，使用渐变工具，制作如图 8-29 所示的图像，命名为 "mask.jpg"，将其作为遮罩图像。

(2) 启动 Premiere Pro CC 2018，新建一个名为 "Ch08-2" 的项目文件。按下 Ctrl+N 快捷键，在【新建序列】对话框中单击【确定】按钮，如图 8-30 所示。

图 8-29　制作遮罩图像 "mask.jpg"

图 8-30　新建序列

(3) 选择【文件】|【导入】命令，打开【导入】对话框，选择 "城市水面 kappelbruke.mov" 和 "城市水面 mariehouse.mov" 两段视频文件，单击【打开】按钮，将其导入【项目】窗口，如图 8-31 所示。

(4) 从【项目】窗口中将 "城市水面 kappelbruke.mov" 视频文件拖入到【时间线】窗口的 V1 轨道上，将另一段视频文件 "城市水面 mariehouse.mov" 拖入 V2 轨道上，在弹出的【剪辑不匹配警告】对话框中单击【更改序列设置】按钮，结果如图 8-32 所示。

(5) 在【效果】面板中展开【视频效果】下的【键控】分类夹，找到【图像遮罩键】效果，如图 8-33 所示。将该效果应用到 V2 轨道的 "城市水面 mariehouse.mov" 素材上。如图 8-34 所示。

計算機　基礎与实训教材系列

中文版 Premiere Pro CC 2018 视频编辑实例教程

图 8-31　导入两段视频素材　　　　图 8-32　将素材应用到【时间线】窗口的视频轨道上

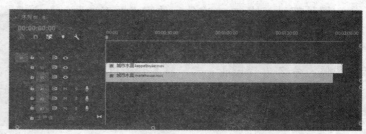

图 8-33　选择【图像遮罩键】效果　　图 8-34　应用【图像遮罩键】效果到"城市水面 mariehouse.mov"上

　　(6) 打开【效果控件】面板，展开【图像遮罩键】效果，单击【图像遮罩键】参数框右上角的【设置】按钮，如图 8-35 所示。打开【选择遮罩图像】对话框，选择之前创建的图片"mask.jpg"作为蒙版图像，如图 8-36 所示，单击【打开】按钮。

图 8-35　单击【设置】按钮　　　　　　　图 8-36　选择作为蒙版的图像

　　(7) 打开【效果控件】面板，展开【图像遮罩键】效果，在【合成使用】选项下拉菜单中选择【亮度遮罩】选项，可以在【节目】监视器窗口中看到使用后的效果，如图 8-37 所示。

图 8-37　应用【亮度遮罩】透明效果的前后对比

　　(8) 选中【反向】复选框，可以在【节目】监视器窗口中看到透明区域颠倒的效果，如图 8-38 所示。

-204-

图 8-38　应用【反向】后透明区域颠倒的效果

8.3.2　应用【轨道遮罩键】

如果想将一个视频轨道的内容透过另一个视频轨道定义的开口显示出来，则可以使用轨道遮罩键，再结合视频的运动效果，可以得到生动的效果。

【例 8-3】　创建一个名为"Ch08-3"的项目，制作望远镜效果。

1) 效果说明

制作望远镜效果。

2) 操作要点

将图像上层覆盖黑白对比强烈的图像，对其设置关键帧，实现望远镜的效果。

3) 操作步骤

(1) 启动 Premiere Pro CC 2018，新建一个名为"Ch08-3"的项目，如图 8-39 所示。按下 Ctrl+N 快捷键，在【新建序列】对话框中单击【确定】按钮，如图 8-40 所示。

图 8-39　新建项目　　　　　　　　　图 8-40　新建序列

(2) 选择【文件】|【导入】命令，打开【导入】对话框，选择"景色.jpg"，单击【打开】按钮，将其导入【项目】窗口，如图 8-41 所示。

(3) 新建字幕文件。新建"双望远镜"序列。选择菜单栏中的【文件】|【新建】|【旧版标题】命令，在弹出的【新建字幕】对话框中单击【确定】按钮。在左侧的工具栏中选择椭圆形工具，同时按住 Shift 键，在屏幕内画一个圆，然后单击选择工具，同时按住 Alt 键，单击并拖曳刚才的圆，即可复制一个圆，将该字幕命名为"望远镜"，如图 8-42 所示。

图 8-41　导入素材

图 8-42　望远镜字幕文件

(4) 从【项目】窗口中将"景色.jpg"文件拖入到【时间线】窗口的 V1 轨道上，将"望远镜"拖入 V2 轨道上，将素材的长度调整一致，如图 8-43 所示。

图 8-43　应用素材和遮罩图像到【时间线】窗口的视频轨道上

(5) 在【效果】面板中展开【视频效果】下的【键控】分类夹，找到【轨道遮罩键】效果，将该效果应用到 V1 轨道的"景色"素材上，【遮罩】选项选择【视频 2】，【合成方式】选项选择【Alpha 遮罩】，如图 8-44 所示。

图 8-44　应用【轨道遮罩键】效果到"景色"素材上

(6) 选中 V1 轨道，打开【效果控件】面板，展开【运动】选项，将时间线指针拖到起始位置，单击【位置】选项前的【切换动画】按钮 ○，激活【添加/移除关键帧】按钮，创建多个关键帧，如图 8-45 所示。将关键帧框选，右击鼠标，在弹出的快捷菜单中选择【临时差值】|【贝塞尔曲线】命令，将运动变得舒缓、自然，改变后的关键帧如图 8-46 所示。

图 8-45　添加关键帧控制点

图 8-46　添加贝塞尔曲线后的关键帧

(7) 将时间线指针拖到起始位置，按空格键预演，效果如图 8-47 所示。

图 8-47　预演【轨道遮罩键】效果

拓展训练

本拓展训练通过制作多种键控实例，让读者深入理解键控效果的应用，熟悉视频合成。

1. 动态遮罩视频

1) 效果说明

效果如图 8-48 所示。

2) 操作要点

运用【轨道遮罩键】等视频效果制作动态遮罩视频。

3) 操作步骤

(1) 运 行 Premiere Pro CC 2018，打开欢迎界面，单击【新建项目】按钮，打开【新建项目】对话框，如图 8-49 所示。在该对话框

图 8-48　动态遮罩视频效果图

计算机 基础与实训教材系列

中，采用默认设置，选择项目的保存路径及输入名称"动态遮罩视频"后，单击【确定】按钮，可创建"动态遮罩视频"项目文件。进入主程序界面后，执行【文件】|【新建】|【序列】命令，此时系统将弹出【新建序列】对话框。

(2) 打开【序列预设】选项卡，选择国内电视制式通用的 DV-PAL|【标准 48 kHz】，【序列名称】默认为"序列 01"，如图 8-50 所示，单击【确定】按钮。

(3) 在【项目】窗口中导入素材"动态视频效果.mov"和"极光 1(1).mov"，分别拖到【时间线】窗口的 V1 和 V2 轨道上，如图 8-51 所示。

(4) 在【效果】面板中展开【视频效果】文件夹，展开【图像控制】和【调整】文件夹，如图 8-52 所示，分别将【黑白】特效和【色阶】特效拖到 V2 轨道上的素材"动态视频效果.mov"上。在【效果控件】中展开【色阶】特效，设置【(RGB)输入黑色阶】为"122"，设置【(RGB)输入白色阶】为"136"，将素材变成黑白分明的视频，如图 8-53 所示。

图 8-49 【新建项目】对话框

图 8-50 设置新建序列

图 8-51 将素材放入视频轨道上

图 8-52 展开特效

图 8-53 设置色阶参数

(5) 选择 V1 轨道上的"动态视频效果.mov",在【效果控件】中展开【运动】属性,设置【缩放】的值为 "268.0"。右击该素材视频，在弹出的快捷菜单中选择【嵌套】命令，将该视频素材嵌套在 "嵌套序列 02" 中，如图 8-54 所示。在【效果】面板中展开【视频效果】文件夹，展开【键控】文件夹，将【轨道遮罩键】特效拖到 "嵌套序列 02" 上。在【效果控件】中展开【轨道遮罩键】特效，设置【合成方式】为 "亮度遮罩"，【遮罩】为 "视频 2"，如图 8-55 所示。

图 8-54　生成嵌套序列

图 8-55　【轨道遮罩键】特效参数设置

(6) 在【视频效果】文件夹中展开【透视】文件夹，将特效【投影】拖到 "嵌套序列 02" 上。在【效果控件】中展开【投影】特效，设置【阴影颜色】为 "白色"，【距离】为 "6.0"，使得遮罩有投影效果，如图 8-56 所示。

图 8-56　【投影】特效参数设置

(7) 单击【时间线】窗口，按空格键或回车键浏览效果，最后执行【文件】|【保存】命令，保存项目文件。

2. 超级键效果

1) 效果说明

将纯色背景的视频去除背景后放置到其他素材上方，效果如图 8-57 所示。

图 8-57　抠像效果图

2）操作要点

使用 Premiere Pro CC 2018 中的【超级键】进行抠像并合成视频。

3）操作说明

（1）运行 Premiere Pro CC 2018，打开欢迎界面，单击【新建项目】按钮，打开【新建项目】对话框，如图 8-58 所示。在该对话框中，采用默认设置，选择项目的保存路径及输入名称"蓝屏抠像效果"后，单击【确定】按钮，可创建"蓝屏抠像效果"项目文件。进入主程序界面后，执行【文件】|【新建】|【序列】命令，此时系统将弹出【新建序列】对话框。

（2）在【设置】选项卡中，设置【编辑模式】为【自定义】，帧大小设定为 700 px × 900 px，【像素长宽比】为【方形像素(1.0)】，【序列名称】默认为"序列 01"，如图 8-59 所示，单击【确定】按钮。

图 8-58 【新建项目】对话框

图 8-59 设置新建序列

（3）在【项目】窗口中导入素材"抠像素材.mp4"和"抠像背景素材.mov"，将"抠像背景素材.mov"拖到【时间线】窗口中的 V1 轨道上，将"抠像素材.mp4"拖到 V2 轨道上。首先选择"抠像素材.mp4"，在【效果控件】面板中，打开【运动】特效，将【缩放】的值修改为"266.0"，如图 8-60 所示。

图 8-60 设置素材的位置属性

（4）在【效果】面板中展开【视频效果】文件夹及【键控】文件夹，将视频特效【超级键】拖到 V2 轨道上的"抠像素材.mp4"上。在【效果控件】中展开【超级键】特效，用颜色吸管 在"抠像素材.mp4"上吸取背景的颜色，设置【透明度】的值为"45"，【阴影】为"52.0"，【容差】

为 "100.0"，如图 8-61 所示。

图 8-61　合成视频

(5) 单击【时间线】窗口，按空格键或回车键浏览效果，最后执行【文件】|【保存】命令，保存项目文件。

习　题

1. 剪辑素材的透明信息保存在哪里？
2. 如何使视频剪辑变成半透明？
3. 简述什么是键控技术。
4. 色键透明和遮罩技术有何异同？
5. 创建遮罩有哪些方式？
6. 简要描述如何应用【差值遮罩】和【轨道遮罩键】。

第9章 制作字幕

学习目标

字幕是影视作品中重要的组成部分，在制作影片的过程中，用户经常会接触到一些制作字幕的工作。有时候要为影片画面添加文字说明，有时候要为影片中的歌曲、对白和解说等添加字幕，有时候要为影片添加片头片尾的标题或职员表等。

字幕包括文字、线条和几何图像等元素。在 Premiere 中，不仅可以创建和编辑静态字幕，还可以制作各种动态的字幕效果。本章通过对字幕制作的详细介绍，使读者熟悉 Premiere Pro CC 2018 中的不同字幕的制作方法与制作技巧。

本章重点

- ⊙ 利用旧版标题制作字幕
- ⊙ 文字工具的使用方法
- ⊙ 字幕样式效果
- ⊙ 新功能：基本图形面板
- ⊙ 其他新建字幕的方法

任务 1   利用旧版标题制作字幕

在传统的影视节目制作中，字幕的叠加是通过字幕机来完成的，这种方法要依靠硬件支持。而在非线性编辑系统中，则没有这一限制。只要系统支持的字体，都能够把该字体制作成影视字幕，并叠加在影视节目中。

在 Premiere Pro CC 2018 中，制作字幕的方法有很多种，方法之一是运用旧版 Premiere 字幕制作方法，下面介绍其方法。

选择【文件】|【新建】|【旧版标题】命令，会打开【新建字幕】对话框(快捷键为 T)，如图 9-1 所示。在此对话框中，【宽度】和【高度】可根据需要自行设置；【时基】是指画面每秒传输的帧数，通俗来讲就是指动画或视频的画面数，也可以根据需要进行选择；【像素长宽比】是

画面中一粒像素的长和宽的比例，现在大多数是使用方形像素，也就是 1:1 的像素比。之前由于很多国家的电视制式不一样，也就是像素长宽比与分辨率尺寸和帧速率不一样，导致了像素长宽比有多种，主要有 PAL 制式和 NTSC 制式，PAL 制式的像素长宽比是 1.07(亚洲使用)，NTSC 制式的像素长宽比是 0.91(美国使用)。由于现在液晶电视的普及，多使用方形像素，像素长宽比列表如图 9-2 所示。

图 9-1　新建字幕窗口

图 9-2　像素长宽比

单击【确定】按钮之后会进入旧版 Premiere 的字幕设计窗口，如图 9-3 所示，它由以下 5 个部分组成，其功能主要是：

- ⊙ 字幕工具区：提供创建和编辑字幕和图形的工具。
- ⊙ 字幕动作区：用于设置字幕和图形的排列分布方式。
- ⊙ 字幕编辑区：所有字幕的创建、编辑均是在该区域中完成的。
- ⊙ 字幕样式区：用于选择自定义文本的样式。
- ⊙ 字幕属性区：用于设置字幕的属性，其中包括变换、属性、填充、描边和阴影。

字幕编辑区

字幕样式区

图 9-3　旧版字幕设计窗口

9.1.1　字幕工具区

在 Premiere Pro CC 2018 中，字幕工具区的设计已经非常完备，通过字幕工具可以制作形式多样的字幕和图形。字幕工具区中有 20 个工具按钮，如图 9-4 所示

- ⊙ 【选择】工具▶：使用该工具可以选中编辑区域的文字或图形。如果配合 Shift 键使用，则可以选择多个对象。当选中一个对象时，可以使用鼠标移动该对象，或者改变对象的大小与形状，如图 9-5 所示。该工具的快捷键是 V。

图 9-4　字幕工具区　　　　　　　　　　　　图 9-5　选择工具

- ⊙ 【旋转】工具：使用该工具可以使得选中的对象绕其中心点转动，从而改变对象的倾斜角度。该工具的快捷方式是 O。
- ⊙ 【文字】工具**T**：使用该工具可以在字幕编辑区内输入水平方向的文本。单击该按钮后，将鼠标移动到编辑区的安全区内，按下鼠标左键，在按下位置会出现一个矩形框，松开鼠标左键后即可在矩形区域内输入文本。该工具的快捷键是 T。
- ⊙ 【垂直文字】工具**T**：使用该工具可以在字幕编辑区内输入垂直方向的文本。单击该按钮后，将鼠标移动到编辑区内，按下鼠标左键，在按下位置会出现一个矩形框，松开鼠标左键后即可在矩形区域内垂直输入文本。该工具的快捷键是 C。
- ⊙ 【区域文字】工具：使用该工具可以在字幕编辑区内输入水平方向的多行文本。单击该按钮后，将鼠标移动到编辑区内，按下鼠标左键，拖动鼠标到另一点，松开鼠标左键后，在编辑区域内会出现一个以此两点为对角点的矩形，然后可在矩形区域内输入文本。在输入矩形区域内单行文本时，该按钮自动弹起，【文字】工具按钮自动按下。
- ⊙ 【垂直区域文字】工具：使用该工具可以在字幕编辑区内输入垂直方向的多行文本。单击该按钮后，将鼠标移动到编辑区的安全区内，按下鼠标左键，拖动鼠标到另一点，松开鼠标左键后，在编辑区内会出现一个以此两点为对角点的矩形，然后可在矩形区域内垂直输入文本。在矩形区域内输入单行文本时，该按钮自动弹起，【垂直文字】工具按钮自动按下。
- ⊙ 【路径文字】工具：使用该工具可以在编辑区内输入弯曲路径的文本。单击该按钮后，把鼠标移动到编辑区内，鼠标形状会变成【钢笔】工具，在编辑区内画出路径后，即可输入沿着该路径走向的文字，如图 9-6 所示。

图9-6 路径文字

- 【垂直路径文字】工具：使用该工具可以在编辑区内输入弯曲路径的文本。单击该按钮后，把鼠标移动到编辑区内，鼠标形状会变成【钢笔】工具，可以在编辑区域内画出路径后，输入垂直于该路径的文字。
- 【钢笔】工具：使用该工具可以为【路径文字】工具和【垂直路径文字】工具提供输入文字的路径，也可以修改这些路径。单击该按钮后，把鼠标移动到需修改路径的节点上，拖动鼠标即可修改文本路径。该工具的快捷键是 P。
- 【添加锚点】工具：使用该工具可以添加文本路径上的锚点，该工具通常与【钢笔】工具一起使用。
- 【删除锚点】工具：使用该工具可以删除文本路径上的锚点，该工具通常与【钢笔】工具一起使用。
- 【转换锚点】工具：使用该工具可以调整路径的平滑度，使用该工具按钮单击路径上的定位点，在定位点上会出现两个控制句柄，拖动控制句柄可以调整路径的平滑度。该工具常与【钢笔】工具一起使用。
- 【矩形】工具：使用该工具可以在编辑区域内绘制矩形，如图9-7 所示。该工具的快捷键是 R。
- 【切角矩形】工具：使用该工具可以在编辑区内绘制切角矩形。
- 【圆角矩形】工具：使用该工具可以在编辑区内绘制圆角矩形。
- 【圆矩形】工具：使用该工具可以在编辑区内绘制圆矩形。
- 【三角形】工具：使用该工具可以在编辑区内绘制三角形。该工具的快捷键是 W。
- 【圆弧】工具：使用该工具可以在编辑区内绘制圆弧图形。该工具的快捷键是 A。
- 【椭圆】工具：使用该工具可以在编辑区内绘制椭圆。该工具的快捷键是 E。

🌀 提示

　　使用【矩形】【切角矩形】【圆角矩形】【圆矩形】【三角形】【圆弧】和【椭圆】等图形工具进行图像制作时，默认的填充色是白色，用户可以自己指定填充色以及其他属性。

- 【直线】工具：利用该工具可以在编辑区内绘制直线。在画直线时，按住 Shift 键，画出的直线将在以间隔为 45 度的方向上。使用该工具画出的直线可以使用【钢笔】工具进行调整。该工具的快捷键是 L。

图 9-7 绘制矩形

9.1.2 字幕动作区

字幕动作区提供了【对齐】【中心】和【分布】三栏工具，可以设置字幕或者图形的分布排列方式，如图 9-8 所示。

图 9-8 字幕的分布排列方式

- 【对齐】工具区域：该区域中的工具用于在画面中按照水平-右对齐、水平居中、垂直-顶对齐、垂直居中等方式对齐排列所选择的两个或两个以上的文字或图形对象。
- 【中心】工具区域：该区域中的工具用于按照画面的水平中心或垂直中心位置对齐所选择的文字或图形对象。
- 【分布】工具区域：该区域中的工具用于在画面中按照水平平均间隔、垂直平均间隔等方式分布排列所选择的 3 个或 3 个以上的文字或图形对象。

9.1.3 字幕样式区

字幕样式区存在于旧版标题中。当用户在字幕编辑区输入文字以后，可以在【字幕样式】区域选择字体样式。也可以用鼠标拖动文字边框，来改变文字的大小及高度等。打开右上角的按钮，可以在其弹出的菜单中选择新建、删除样式，或从样式库中载入样式。【字幕样式】面板中放置了系统预置的几十种字幕样式效果，如图9-9所示。制作字幕时，只需先在该面板中选择需要的样式，然后就可以在字幕编辑区的预览窗口中创建出该样式效果的字幕。

图9-9 字幕样式

单击【字幕样式】面板右侧的小三角形按钮，可以打开该面板的控制菜单，如图9-10所示。通过使用该菜单中的命令，可以实现以下字幕样式设计的主要功能。

图9-10 【字幕样式】菜单

- 将字幕编辑区的预览窗口中创建的对象效果设置为【字幕样式】面板中的样式。
- 将所选字幕样式的全部字幕属性或个别属性应用到预览窗口中所创建的对象上。
- 复制、删除和重命名所选择的样式效果。
- 设置选择的样式为字幕编辑区默认的创建对象样式效果。
- 恢复【字幕样式】面板当前使用的样式库的默认状态。
- 添加其他样式库中的样式至当前使用的样式库。
- 保存当前使用的样式库。
- 使用其他样式库替换当前使用的样式库。
- 在【字幕样式】面板中以字体名称方式或效果缩略图方式来显示样式。

9.1.4 字幕属性区

在实际创建字幕的过程中，字幕的设置与字幕属性是不可分割的。例如，创建字幕后就要设置字幕的字体、颜色、大小等属性，而这些设置全部需要在【字幕属性】面板中进行。本节介绍在【字幕属性】面板中如何编辑字幕属性。

字幕属性区主要由 5 个部分组成，分别是【变换】选项组、【属性】选项组、【填充】选项组、【描边】选项组和【阴影】选项组。

◉ 【变换】选项组：可以对图形或者文字进行变形设置，可以改变文字的【透明度】【X位置】【Y 位置】【宽度】【高度】和【旋转】角度，如图 9-11、图 9-12 和图 9-13 所示。

图 9-11　高度设置 　　　　　图 9-12　旋转设置 　　　　　图 9-13　【变换】选项组

◉ 【属性】选项组：选中文字，【属性】选项组中会显示不同的选项，显示文字的各种属性，如图 9-14 所示。这些选项会在以后的制作中逐步介绍。

◉ 【填充】选项组：该选项组用于设置文字字幕或者图形字幕的填充属性，如图 9-15 所示。

图 9-14　文字【属性】选项组 　　　　　图 9-15　【填充】选项组

◉ 【描边】选项组：该选项组为图形或者文本描绘边缘。该选项组共有两项，分别为【内侧边】和【外侧边】，如图 9-16 所示。

◉ 【阴影】选项组：该选项组用于为图形或者文字添加阴影效果，如图 9-17 所示。

图 9-16　【描边】选项组 　　　　　图 9-17　【阴影】选项组

任务 2 利用文字工具和基本图形编辑器制作字幕

9.2.1 利用文字工具制作字幕

在旧版 Premiere 中，字幕可作为一个图层拖放到视频轨道上进行处理。在最新版的 Premiere Pro CC 2018 中，只需要使用文字工具在【节目】窗口中输入文字，就会自动在视频轨道上生成一个字幕图层。Premiere Pro CC 2018 中的【工具栏】中新增了【文字】工具 ，如图 9-18 所示。可在【节目】窗口中添加文本，对应的【效果控件】面板中会出现【文本】控件，如图 9-19 所示，各种参数同上一部分讲解的各参数基本相同。使用【文字】工具添加的文本以图形的方式存在，因此，也可以在【基本图形】编辑器中对本文的属性进行设置，如图 9-20 所示，具体的制作方式将在下一节中讲解。

图 9-18 工具栏   图 9-19 文本效果控件   图 9-20 【基本图形】面板

9.2.2 利用基本图形编辑器制作字幕

基本图形编辑器是 Premiere Pro CC 2018 较之前的版本在字幕编辑方面最大的改变，它支持以图层的方式快捷地建立文字、形状等，图层之间可以建立响应。在 Premiere Pro CC 2018 中，建立好序列，将素材导入序列之后，选择【图形】菜单中的【新建图层】命令，将依次出现【文本】【直排文本】【矩形】【椭圆】【来自文件】等选项，如图 9-21 所示。

【文本】：指建立横排的字幕。

【直排文本】：建立竖排的字幕。

【矩形】【椭圆】：分别指建立矩形和椭圆的形状。

【来自文件】：可以导入本地的形状。

选择【文本】命令后，屏幕最右侧的【基本图形】面板被激活，单击【编辑】就可以进行各项设置，如图 9-22 所示。

图 9-21　新建图层

图 9-22　【基本图形】面板

在【基本图形】面板的右上方，有一个 按钮，单击之后也能新建文本、直排文本，创建矩形和椭圆等，如图 9-23 所示，其作用类似于单击菜单栏上的【图形】|【新建图层】命令。

多次选择【新建图层】命令，在其上方会形成依次排列的各个图层，如图 9-24 所示。各个字幕或形状以图层的方式直接叠加，类似于 Photoshop 中图层排列的方式，这可以更加方便直观地进行字幕、形状的剪辑。直接用鼠标拖曳某个图层，可以变换图层之间的关系，如图 9-25 所示，可以通过鼠标拖曳的方式将图层"形状 01"放置在两个"新建文本图层"中间。

图 9-23　新建图层命令

图 9-24　新建多个图层

Premiere Pro CC 2018 在字幕编辑方面，较之前的版本而言，最大的改动在于新增了【响应设计-位置】选项，如图 9-26 所示。

图 9-25　鼠标拖曳图层

图 9-26　响应设计-位置命令

选中某个图层，可以将其和另外一个图层建立固定关系，右侧的 表示固定的水平和垂直方向，如建立一个文字图层和形状图层，选中形状图层，将其固定到文字图层上，并将其右侧的垂直方向激活(灰色变为蓝色)，如图 9-27 所示，此时【节目】窗口如图 9-28 所示。

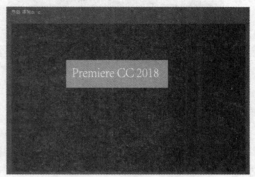

图 9-27 建立固定关系　　　　　　　　　　　　图 9-28 【节目】窗口

此时选中文字图层，并用鼠标上下拖动，则形状图层也随之运动，如图 9-29 所示。在垂直方向上输入文字，其形状也跟随文字而变化，如图 9-30 所示。

图 9-29 垂直拖动文字　　　　　　　　　　图 9-30 在垂直方向上输入文字

此时如果在水平方向上拖动文字图层，形状图层则不会跟随文字图层一起运动，同样，在水平方向上进行文字输入，形状图层也不会有变化，如图 9-31、图 9-32 所示。

图 9-31 水平拖动文字　　　　　　　　　　图 9-32 水平输入文字

若单击【响应设计-位置】右侧方框的中心位置，可将水平方向和垂直方向都固定，则无论水平、垂直拖动文字或输入文字，形状都会改变，如图 9-33、图 9-34 所示。

在【基本图形】面板中，在【剪辑】状态下，不选中任何图层，则可进入【响应设计-时间】选项，可以保证在更改总体时长时，保留动态图形中关键帧的完整性，例如开头和结尾的动画。

计算机 基础与实训教材系列

图 9-33　垂直和水平方向都固定

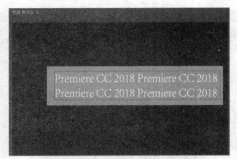

图 9-34　水平、垂直输入文字

例如，为上面字幕的【不透明度】属性创建关键帧，实现淡入淡出效果，如图 9-35 与图 9-36 所示。

图 9-35　建立不透明度关键帧

图 9-36　淡入淡出效果

此时，如果采用鼠标拖动的方式缩短字幕时长，则效果控件中的关键帧信息会丢失，如图 9-37 所示。

作为比较，在缩短字幕之前，将【响应设计-时间】中的【开场持续时间】和【结尾持续时间】的参数值进行调整(如图 9-38 所示)，使得关键帧信息面板中的灰色区域覆盖关键帧(如图 9-39 所示)，则再次缩短时间时，仍保留关键帧信息。

图 9-37　关键帧信息丢失

图 9-38　调整响应设计-时间

图 9-39　关键帧信息

在【响应设计-时间】命令的下方，有【滚动】选项，如图 9-40 所示。设置滚动参数，可以制作滚动字幕。

图 9-40　设置滚动参数

9.2.3　利用基本图形模板制作字幕

如同 Office 软件一样，Premiere Pro CC 2018 中也提供自带的模板用于字幕制作。在模板中，提供了相应的图形区域结构设置，如字幕的整体框架、文本的字体类型和字体运动。这样可以在不安装 After Effects 的情况下，仍能得到理想的字幕效果。

利用模板创建字幕文件的一般步骤如下。

(1) 选择【图形】面板，如图 9-41 所示。

(2) 在如图 9-42 所示的【基本图形】面板中，进入【浏览】状态下，单击【\】选项右侧的下滑按钮，可以逐层展开模板类型，在不同的文件夹类别中可找到所需的模板样式，之后该模板样式将在右侧预览窗口中显示。

图 9-41　【图形】面板　　　　　　　　　　　　　　　图 9-42　【基本图形】面板

(3) 选择需要的模板，将其拖动至视频线上，如图 9-43 所示。

(4) 在【编辑】界面中，可进行文字修改，输入 INNOCENT KID，如图 9-44 所示。

图 9-43　将模板拖入视频线　　　　　　　　　　　　图 9-44　【编辑】界面

(5) 此时，读者可以观看模板成型效果，如图 9-45 和图 9-46 所示。

图 9-45　闪现效果　　　　　　　　　　　　　　　　　图 9-46　最终字幕效果

任务 3　利用其他方式制作字幕

Premiere Pro CC 2018 中文版中，将"Title"和"Caption"都翻译为"字幕"，其实两者在使用过程中是有区别的。"Title"多用于标题和对白字幕，以上两种方法建立的就是该类型的字幕；而"Caption"多用于说明性的字幕，它是在无音状态下通过进行一些解释性的语言来描述当前画面中所发生的事情的字幕，例如画面中出现背景的声音时，"Caption"都会通过字幕进行提示。一般这种类型的字幕都是为听力有障碍或者无音条件下观看节目的观众所准备的，在美国执行的一些非强制性的标准中，要求一般的电视及录像节目都要为这样的观众提供"Caption"的字幕。如果不做直接的可显示字幕的话，也要求将其做成可隐藏的字幕，也就是"Closed Caption"，即"CC 字幕"；而且在北美销售的播放设备中，如电视及投影设备中都内置了一些 CC 解码系统，用以在画面中导出文本格式的 CC 字幕。

制作字幕还有一种方式，即通过【新建】|【字幕】的方式来制作字幕，如图 9-47 和图 9-48 所示，这里的字幕指的是"Caption"。

图 9-47　新建字幕

图 9-48　【新建字幕】对话框

在【新建字幕】对话框中，将【标准】选项展开，将出现 5 个选项：CEA-608、CEA-708、图文电视、开放字幕和开放式字幕，如图 9-49 所示。

CEA-608 和 CEA-708 是 CC 字幕的两个标准，CEA-608 又称 EIA-608，由美国电子工业协会(EIA)制定，规定了 PAL/NTSC 模拟电视上 Line21 行所包含的 Caption 信息，主要用于在模拟信号中的传输。在数字电视取代模拟电视的浪潮中，EIA-608 所扮演的角色已经越来越不重要。在 ATSC 标准中，使用的是 EIA-708(CEA-708)字幕标准。EIA-708(CEA-708)由美国电子工业协会制定，在美国和加拿大是 ATSC 数字电视的 CC 字幕标准。

图文电视是 20 世纪 70 年代在英国发展起来的一种信息广播系统，它主要利用电视信号场消隐期(VBI)中的某几行(也可以占用电视信号的全部有效行)传送图文和数据信息。图文电视广播业务能以低廉的费用，

图 9-49　新建字幕选项

向大众传播即时的新闻、体育、天气、电视节目预告和字幕(subtitle)等信息。

开放字幕和开放式字幕则可以用于一般的场景。

【流】：在不同的字幕标准下，流的选项不一样。流包含了不同语言的信息。如图 9-50、图 9-51 和图 9-52 所示。

图 9-50　CEA-608 标准的流选项　　图 9-51　CEA-708 标准的流选项　　图 9-52　图文电视的流选项

【时基】：指画面每秒传输的帧数，即动画或视频的画面数，可根据需要进行选择，如图 9-53 所示。

一般选择【标准】为开放式字幕，如图 9-54 所示，在开放式字幕标准下可以切换字体格式，而在其他字幕标准下，无法选择字幕的字体，只能使用默认的字体格式。

图 9-53　时基选项　　　　　　　　　图 9-54　【新建字幕】对话框

下面以建立开放式字幕为例，来熟悉创建字幕的基本流程。

(1) 首先启动 Premiere Pro CC 2018，创建一个新项目。在【项目】窗口中，单击【新建项】按钮，执行【字幕】命令，在打开的【新建字幕】对话框中单击【确定】按钮，创建一个空白的字幕文件。在文本框中输入"民国旧上海"，如图 9-55 所示，效果如图 9-56 所示。

图 9-55　输入文本　　　　　　　　　图 9-56　文本效果

(2) 在字幕编辑区，点击右下角的 ，出现新增文本框，如图 9-57 所示。

图 9-57　新增文本框

💿 **提示**

　　在 Premiere Pro CC 2018 中，有些中文字体不能被识别，会出现方块代替文字的现象，这种情况下，只需要更改为一种系统能够识别的中文字体即可。

(3) 在文本框中输入"晴天落白雨，临水照花人。——胡兰成"，新建字幕，如图 9-58 所示，效果如图 9-59 所示。

图 9-58　输入文本　　　　　　　　　　　　　　图 9-59　文本效果

(4) 在字幕的工具栏中，将【字体大小】设置为 50，边缘设置为 0，可通过 来调整字幕所在屏幕的位置，其余参数的设置如图 9-60 所示。

图 9-60　设置参数

字幕创建完毕后，一般情况下会自动添加到【项目】窗口中，用户使用时将其导入即可。

任务 4　制作活动字幕

用户除了可以通过【字幕设计】窗口制作静止的字幕外，还可以制作活动的字幕，这分为上下活动的【滚动字幕】和左右活动的【游动字幕】两种。

【例 9-1】　制作滚动字幕与游动字幕。

在影视作品中，通常节目的结尾都会出现演员表等信息，以滚动的方式显示出来。在 Premiere Pro CC 2018 中，可以通过多种方法制作活动字幕。

1) 效果说明

通过不同方法，制作上下滚动字幕和左右游动字幕。

2) 操作要点

根据需要调整【滚动/游动选项】中的参数，控制游动字幕的方向、速度等信息。

3) 操作步骤

⊙　制作滚动字幕的方法

(1) 执行【文件】|【新建】|【旧版标题】命令，新建一个字幕文件。

(2) 输入文件名，打开字幕编辑器。在字幕编辑区中输入文本，设置文本属性或者在字幕样式区中选择一个样式后单击即可应用该样式。

(3) 单击上方的■■按钮，打开【滚动/游动选项】对话框，在【定时(帧)】选项组中设置字幕滚动的属性，如图 9-61 所示。

⊙　制作游动字幕的方法

(1) 执行【文件】|【新建】|【旧版标题】命令，新建一个字幕文件。

(2) 输入文件名，打开字幕编辑器。在字幕编辑区输入文本，设置文本属性或者在字幕样式区中选择一个样式后单击即可应用该样式。

(3) 单击上方的■■按钮，打开【滚动/游动选项】对话框。在【字幕类型】选项组中根据需要选择向左游动或者向右游动，然后在【定时(帧)】选项组中设置字幕游动的属性，如图 9-62 所示。

图 9-61　设置滚动字幕　　　　　　　　　　图 9-62　设置游动字幕

⊙　应用活动字幕

(1) 编辑完活动字幕后，单击【滚动/游动选项】对话框中的【确定】按钮，再关闭【字幕设计】窗口。

(2) 将编辑好的字幕文件拖到【时间线】窗口的合适位置上，调整持续时间。

(3) 在【节目】监视器窗口中预演字幕的滚动和游动效果。滚动效果如图 9-63 所示，向左游动字幕效果如图 9-64 所示，向右游动字幕效果如图 9-65 所示。

图 9-63 滚动字幕效果

图 9-64 向左游动字幕效果

图 9-65 向右游动字幕效果

此外，制作活动字幕也可以用 9.2.2 节末尾的【图形工具】中的【滚动】选项实现。

拓展训练

本拓展训练通过制作"ch09-1"实例，让读者深入理解字幕的应用，熟悉字幕制作技巧。

1）效果说明

为视频画面加入字幕"东方明珠"。

2）操作要点

本例主要练习字幕的排版和属性设置。

3）操作步骤

(1) 启动 Premiere Pro CC 2018，新建一个名为"ch09-1"的项目文件，设置好项目名后，单击【确定】按钮。选择【新建】|【序列】选项，即可进入【新建序列】对话框，将序列命名为"序列 01"，单击【确定】按钮，如图 9-66 所示。

(2) 选择【文件】|【导入】命令，打开【导入】对话框，选择视频素材"东方明珠"序列图片，选中【图像序列】复选框，如图 9-67 所示，单击【打开】按钮，将其导入【项目】窗口。

(3) 从【项目】窗口中将"东方明珠"文件拖到【时间线】窗口的 V1 轨道上，在弹出的【剪辑不匹配警告】对话框中单击【更改序列设置】按钮。调整【时间线】窗口的显示比例，如图 9-68 所示。

(4) 选择【文件】|【新建】|【旧版标题】命令，打开【新建字幕】对话框。在该对话框中，设置新建的字幕名称为"字幕 01"，如图 9-69 所示。

(5) 设置完成后单击【确定】按钮，打开【字幕设计】窗口。在该窗口的字幕预览窗口中输入"东方明珠"。

图 9-66　新建序列

图 9-67　导入素材

图 9-68　将"东方明珠"视频素材拖至 V1 轨道上

图 9-69　新建字幕

(6) 选择【字幕样式】中的 Palatino Linotype 样式，【字体系列】为"书体仿兰亭体"，【字体大小】为"70"，效果如图 9-70 所示。

图 9-70 选择字幕样式

(7) 字幕属性设置完毕后，关闭字幕，将字幕拖至 V2 轨道中，长度与 V1 中保持一致，如图 9-71 所示。

图 9-71 将字幕拖至 V2 轨道中

(8) 选中字幕，为使画面效果更丰富，选择加上"| |"辅助线效果，并显示安全边距，如图 9-72 所示。

图 9-72 添加辅助线

(9) 在进行字幕设计时，设计者可以发挥想象，添加更多让字幕变得高级的效果。本示例的字幕效果如图 9-73 所示。

图 9-73　效果图

(10) 完成设置后，按下空格键预览效果。

(11) 选择【文件】|【导出】|【影片】命令输出影片。

习　题

1. 在 Premiere Pro CC 2018 中，创建字幕文件有哪几种方式？
2. 字幕编辑窗口主要分为哪 5 个区域？其中字幕属性区由哪 5 部分组成？
3. 如何创建一个新的字幕样式？
4. 如何添加几何图形？
5. 简要描述制作活动字幕的一般方法。
6. 如何使用字幕模板？

第 10 章

应 用 音 频

学习目标

音频是一部完整影视作品中不可或缺的组成部分，音乐和音响效果给影像节目带来的作用至关重要。既然 Premiere Pro CC 2018 是一款集音频和视频处理为一体、功能强大的编辑软件，那么音频应用也必然是本书介绍的重要内容。

一般来说，影片音频的添加和操作通常是在影片编辑完成后进行的。用户可以自如地根据制作完成的影片画面，配以所需的且恰当的音乐、音响效果，以制作出更具视听效果的影片。本章将介绍 Premiere Pro CC 2018 中音频的基础知识和简单的音频处理方法。

本章重点

- ◉ 音频类型
- ◉ 音频轨道
- ◉ 音轨混合器
- ◉ 音频的基本操作，包括音频轨道的添加与删除、音频的添加与预听、音频类型的转换、音频播放时间和速度的调整、音频增益的调节、利用关键帧技术调节音量和利用音轨混合器调节平衡与音量等
- ◉ 音频剪辑与合成
- ◉ 音频过渡和音频特效

任务 1　了解音频基础知识

音频效果是影视编辑中必不可少的重要组成部分，大部分的影视作品都是视频和音频的合成。传统的节目中音频的编辑是在后期编辑时根据剧情而匹配的，又称为混合音频，生成的节目电影带称为双带。胶片上有特定的声音轨道用来存储声音，当电影带在放映机上播放的时候，视频和声音以同样的速度播放，从而实现声画同步。

Premiere Pro CC 2018 具有功能强大和专业的音频特性。在 Premiere Pro CC 2018 中可以方便

地处理音频，同时它还提供了音频特效和音频过渡效果，为用户提供了一些较好的声音处理方法，如声音淡入淡出等。

10.1.1 音频基本概念

- ⦿ 【音量】：是声音的重要属性之一，标志声音的强弱程度。音量的大小，决定了声波幅度(振幅)的大小。
- ⦿ 【音调】：在音乐中也称为音高，是声音物理特性的一个重要因素。音调的高低决定于声音频率的高低，频率越高，音调越高，反之亦然。
- ⦿ 【音色】：由混入的基音决定，泛音越高谐波越丰富，音色就越有明亮感和穿透力。不同的谐波具有不同的幅值和相位偏移，由此产生各种音色。
- ⦿ 【噪音】：噪音有 3 种基本含义，一是指不同频率和不同强度的声波无规律组成所形成的声音，二是指物体无规律振动产生的声音，三是指在某种情况下对人的生活和工作有妨碍的声音。
- ⦿ 【分贝】：衡量声音音量变化的单位，符号是 dB。
- ⦿ 【动态范围】：指录音或放音设备在不失真和高于该设备固有声音的情况下所能承受的最大音量范围。
- ⦿ 【响度】：人耳对声音强弱的一种感受，与音量、频率、早期反射声的大小和密度有关。
- ⦿ 【静音】：又称无声，一种具有积极意义的表现手段。
- ⦿ 【失真】：声音录制加工后产生的畸变。
- ⦿ 【电平】：又称为级别，电子系统中对电压、电流、功率等物理量强弱的通称。
- ⦿ 【增益】：放大量的统称，指音频信号的声调高低。

10.1.2 音频类型

在 Premiere Pro CC 2018 中，具有 3 种类型的音频：【单声道】【立体声】和【5.1 环绕立体声】。

- ⦿ 【单声道】：只包含一个声音通道，是较原始的声音复制形式。当通过两个扬声器回放单声道信息时，可以明显感觉到声音是从两个音箱中传递到听众的耳朵里的。
- ⦿ 【立体声】：包含左右两个声道。立体声技术彻底改变了单声道对声音位置定位的缺陷。声音在录制的过程中，被分配到独立的两个声道，从而达到较好的声音定位效果。这种技术在音乐欣赏中显得尤为重要，听众可以清晰地分辨出各种乐器来自不同的方向，从而使音乐更富想象力，更接近于临场感受。
- ⦿ 【5.1 环绕立体声】：包含 3 个前置声道(左置、中置和右置)、两个后置声道(或称为环绕声道，左环绕和右环绕)和低音效果通道(通过低音炮放出声音)。该声道已广泛运用到各类传统影院和家庭影院中。

10.1.3 音频轨道类型

【时间线】窗口中的音频轨道,可以是【单声道】【立体声】和【环绕立体声】的任意组合,可对各音频轨道进行任意添加或删除。值得注意的是:每个音频轨道只能对应一种音频类型,而一种类型的音频也只能添加到相同类型的音频轨道中,同时音频轨道一旦创建便不能再改变其音频类型。

音频轨道按照用途可以分为3种:【主音轨】轨道、【子混合】轨道和普通的音频轨道。其中,【子混合】轨道和普通的音频轨道可以有多条(每种音频类型最多99条),而【主音轨】轨道只能有一条。只有普通的音频轨道可以用来添加音频素材;【子混合】轨道主要用于对部分音频轨道进行混合,它输出的是部分轨道混合的结果;【主音轨】轨道用于对所有的音轨进行控制,它输出的是所有音轨混合的结果。

10.1.4 音轨混合器

通过【音轨混合器】能够以专业音轨混合器的工作方式来控制声音。它具有实时的录音,以及音频素材和音频轨道的分离处理功能。

【音轨混合器】窗口能在收听音频和观看视频的同时调整多条音频轨道的音量大小以及均衡度。Premiere Pro CC 2018 使用自动化过程来记录这些调整,然后在播放剪辑时再应用它们。【音轨混合器】窗口就像一个音频合成控制台,为每一条音轨都提供了一套控制。每条音频轨道也根据【时间线】窗口中的相应音频轨道进行编号,使用鼠标拖动每条轨道的音量控制器可调整其音量。

一般情况下,进入 Premiere Pro CC 2018 主程序界面,查看【源】窗口中的【音轨混合器】选项,就可调出【音轨混合器】窗口。若尚未显示,也可以通过执行菜单栏中的【窗口】|【音轨混合器】命令,选择相应的序列,即可调出该序列的【音轨混合器】窗口,从而进行设置。

在【音轨混合器】窗口中,可以对音频文件实现混音效果。【音轨混合器】窗口如图 10-1 所示。下面介绍一下【音轨混合器】各个部分所表示的含义。

图 10-1 【音轨混合器】窗口

- ⊙ 【时间码】00:00:00:00:表示当前编辑线所在的位置。
- ⊙ 【轨道名称】音频1:对应着【时间线】窗口中的各个音频轨道。如果在【时间线】窗口中增加了一条音频轨道,则在【音轨混合器】窗口中就会显示出相应的轨道名称。
- ⊙ 【自动模式】读取:其中包括【关】【读取】【闭锁】【触动】和【写入】5 种功能,如图 10-2 所示。
- ⊙ 【显示/隐藏效果与发送】:单击自动化选项左边的三角按钮,打开【显示/隐藏效果和发送】选项。在【效果选择】区域中用户可以加入各式各样的音频效果,如图 10-3 所示。在【发送分配选择】区域下可以选择音频混合的目标轨道,如图 10-4 所示。

图 10-2 【自动模式】菜单　　　图 10-3 各种音频效果　　　图 10-4 音频混合轨道

- 【左/右声道平衡】⬤：该按钮用于平衡左右声道，向左旋用于偏向左声道，向右旋则偏向右声道；也可以在按钮下面直接输入数值来控制左右声道的平衡(负数值偏向左声道，正数值偏向右声道)。

- 【静音轨道】【独奏轨道】【启用轨道以进行录制】 M S R ：按下【静音轨道】按钮 M 可以使该轨道静音；按下【独奏轨道】按钮 S 可以使其他音轨静音，只播放该轨道的声音；【启用轨道以进行录制】按钮 R 用于录音控制。当单击某一轨道下方的【启用轨道以进行录制】按钮 R 后，单击 ⬅ ➡ ▶ ❴▶❵ ↩ ⬤ 中的【播放】按钮 ▶ ，便可进行录音，再次单击【播放】按钮，则停止录音，同时刚刚录制的音频文件会出现在已选定的音频轨道中。

- 【音量表】和【音量控制器】：【音量表】可以实时观看该轨道的声音大小，【音量控制器】可以调节各个轨道的音量，同样可以直接在底下输入数值来调节音量。

- 【输出模式】 主声道 ∨ ：表示输出到哪一个轨道进行混合，可以是主声道，也可以是子混合轨道。

- ⬅ ➡ ▶ ❴▶❵ ↩ ⬤ ：分别是【转到入点】【转到出点】【播放-停止切换】【从入点到出点播放视频】【循环】和【录制】。

任务 2　音频基本操作

使用 Premiere Pro CC 2018 进行音频处理时，需掌握音频的一些基本操作，包括音频轨道的添加与删除、音频的添加与预听、音频类型的转换、音频播放时间和速度的调整、音频增益的调节、利用关键帧技术调节音量和利用音轨混合器调节音量和平衡等。

10.2.1　音频轨道的添加与删除

在制作影片的过程中要编辑音频，需先将音频导入【项目】窗口中，再添加至【时间线】窗口的音频轨道中，音频轨道的基本操作是编辑音频的基础。一般来说，音频轨道一旦设定就不可更改其音频类型，因此添加或删除音频轨道，是编辑音频中时常需要进行的操作，同时对音频轨道进行重命名也是应掌握的基本技能。

【例10-1】创建一个名为"ch10-1"的项目，设置默认序列的音频轨道数目。在【时间线】窗口中进行音频轨道的添加与删除，并对音频轨道进行重命名。

1) 效果说明

本例主要是完成音频轨道的添加、删除和重命名等任务。

2) 操作要点

本例包括音频轨道的添加、参数设置、删除和重命名等基本操作。

3) 操作步骤

(1) 运行 Premiere Pro CC 2018，打开欢迎界面，单击【新建项目】按钮，打开【新建项目】对话框，如图 10-5 所示。在该对话框中，采用默认设置，选择项目的保存路径及输入名称 "ch10-1" 后，单击【确定】按钮，进入程序主界面。按下快捷键 Ctrl+N，弹出【新建序列】对话框。在【设置】选项卡中设置【音频】选项区域的【取样值】为 "48000Hz"，【显示格式】为【音频采样】。在【轨道】选项卡中设置【音频】下的【主】为【立体声】。设置下方三条音频轨道的【轨道类型】为【标准】【5.1】【单声道】，如图 10-6 所示，【序列名称】默认为 "序列 01"，单击【确定】按钮。在【时间线】窗口中可查看新建的音频轨道，如图 10-7 所示。

图 10-5　【新建项目】对话框

图 10-6　在【新建序列】对话框中设置音频轨道

图 10-7　【音频轨道】项目效果图

(2) 将关注点集中到【时间线】窗口，可以发现，默认序列为"序列 01"，如图 10-8 所示。每条音频轨道名称的右上角有一个图标:【单喇叭】 表示该轨道为【单声道】轨道，【双喇叭】 表示该轨道为【立体声】轨道， 表示该轨道为【5.1 环绕立体声】轨道。

图 10-8　查看音频轨道

(3) 在【时间线】窗口中左边面板的空白处右击，执行快捷菜单中的【添加轨道】命令或者执行菜单栏中的【序列】|【添加轨道】菜单命令，弹出【添加轨道】对话框，如图 10-9 所示。此时在【添加轨道】对话框中可增加音频轨道。添加的音频轨道可以是普通的音频轨道，也可以是音频子混合轨道，可以指定放置的位置("在第一条轨道之前""音频 1 之后""音频 2 之后""音频 3 之后""音频 4 之后")和设置新建轨道的类型("标准""5.1""自适应""单声道")。

(4) 设置【添加】为【1 音频轨道】，【放置】为【音频 4 之后】，【轨道类型】为【标准】后，单击【确定】按钮，此时【时间线】窗口中添加了 A5 轨道，如图 10-10 所示。

图 10-9　【添加轨道】对话框

图 10-10　添加 A5 轨道

(5) 在【时间线】窗口中选中 A2 轨道，在左边面板的空白处右击，从弹出的快捷菜单中选择【删除轨道】命令或者执行【序列】|【删除轨道】菜单命令，弹出【删除轨道】对话框，如图 10-11 所示。在【删除轨道】对话框中，可以删除普通的音频轨道，并选择【目标轨】是【音频 1】【音频 2】【音频 3】【音频 4】和【音频 5】，还是【所有空轨道】，也可以删除子混合轨道，并选择是【目标轨】还是【所有未分配的轨道】。

(6) 在【删除轨道】对话框中，选中【删除音频轨道】复选框，在下拉菜单中选择【音频 2】轨道，单击【确定】按钮，则【时间线】窗口中的【音频 2】轨道已经被删除。原 A3 轨道变成 A2 轨道，A4 轨道变成 A3 轨道，A5 轨道变成 A4 轨道，如图 10-12 所示。

图 10-11 【删除轨道】对话框

图 10-12 删除轨道后的效果

(7) 保存项目文件。

10.2.2 音频类型的添加与预听

在制作影片的过程中要编辑音频，需先将音频素材导入音频轨道中。在编辑音频前，需对音频进行预听，以确定如何进行编辑处理，同时应注意一种类型的音频只可添加至与其类型相同的音频轨道中。

【例 10-2】 在例 10-1 的基础上，添加音频并对音频内容进行预听。

1) 效果说明

本例实现将音频素材导入音频轨道并进行播放的效果。

2) 操作要点

本例主要完成将素材导入【项目】窗口，再将其拖放到音频轨道的操作。

3) 操作步骤

(1) 在【项目】窗口中单击其下方的【新建素材箱】按钮 ，新建一个文件夹，并输入名称为"音频"，如图 10-13 所示。

(2) 在新建的"音频"文件夹上右击，从打开的快捷菜单中选择【导入】命令，或者通过选中新建的文件夹"音频"，执行菜单栏中【文件】|【导入】命令，打开【导入】对话框，如图 10-14 所示。在该对话框中选择要添加的音频文件，单击【打开】按钮，即可添加音频文件至该文件夹中，如图 10-15 所示。

图 10-13 新建素材箱"音频"

图 10-14 【导入】对话框

(3) 在【项目】窗口中选择音频素材"音频素材 1"，将其拖动至【时间线】窗口中的立体声轨道 A3 上，如图 10-16 所示。

图 10-15　导入音频文件

图 10-16　拖动"音频素材 1"至 A3 轨道

(4) 在【节目】窗口中单击【播放/停止切换】按钮 ▶，即可对添加的音频进行预听。

(5) 保存项目文件为 "ch10-2"。

在 Premiere 中想要对音频素材进行预听，还可以在【项目】窗口中或【时间线】窗口中双击要预听的音频素材，这样就可以将该音频素材自动添加至【源】窗口中，并查看其音频的波形，如图 10-17 所示。单击该窗口中的【播放/停止切换】按钮 ▶，可预听该素材的音频效果。

图 10-17　在【源】窗口中预听音频素材

10.2.3　音频播放时间和速度的调整

音频播放时间是指音频的入点和出点之间素材的持续时间。因此，对于音频播放时间的调整可以通过设置入点和出点来进行。音频的播放速度是指播放音频入点和出点之间素材的音律快慢。想要改变音频素材的播放时间，可以使用如下几种方法进行操作。

◉ 在【时间线】窗口中，使用【工具】面板中的【选择】工具 ▶ 直接向左拖动音频的边缘，缩短音频轨道上音频素材的长度，如图 10-18 所示。这种调节方法只能减少音频素材的播放时间，而不能增加音频素材的播放时间。

◉ 在【时间线】窗口中选中要编辑的音频素材，右击，从弹出的快捷菜单中选择【速度/持续时间】命令，或者执行菜单栏中的【素材】|【速度/持续时间】命令，打开【剪辑速

度/持续时间】对话框，如图 10-19 所示。在该对话框中设置【持续时间】选项中的数值，即可改变音频素材的播放时间。

图 10-18 使用【选择】工具缩短音频素材的播放时间   图 10-19 【剪辑速度/持续时间】对话框

◉ 选择【工具】面板中的【比例拉伸工具】，然后使用该工具拖动音频素材的末端，即可任意拉长或者缩短音频素材的长度，如图 10-20 所示。这种调节方法同时会调整音频素材的播放速度。

图 10-20 使用【比例拉伸工具】调整音频素材的播放时间

想要调整音频的播放速度，可采用如下几种方法进行操作。

◉ 选择【工具】面板中的【比例拉伸工具】，然后使用该工具拖动音频素材的末端，即可任意拉长或者缩短音频素材的长度，长度调整的同时也调整了播放速度。

◉ 在【时间线】窗口中选中要编辑的音频素材，右击，从弹出的快捷菜单中选择【速度/持续时间】命令，或者执行菜单栏中的【素材】|【速度/持续时间】命令，打开【剪辑速度/持续时间】对话框。在该对话框中设置【速度】选项的比例数值，即可调整音频素材的音律播放速度。单击链接标志按钮，可以使【速度】与【持续时间】选项断开。这样在改变播放速度的同时，不会改变音频素材的持续时间。

 提示 ------------

    改变音频的播放速度会影响音频播放的声音效果，音调会因速度的提高而升高，因速度的降低而降低。同时，播放速度发生变化，其播放的时间也会随之改变，但这种改变与单纯改变音频素材的出入点和改变持续时间是不一样的，主要是指其音频节奏上的速度变化。因此大多数情况下，为了保持原有的音频效果，需要尽量避免音频播放速度的变化。

10.2.4 音频增益的调节

音频增益指的是音频信号声调的高低。在节目编辑中经常要处理声音的声调，特别是当同一

段视频同时出现几段音频素材的时候，就要平衡这几段素材的增益，否则一段素材的音频信号或低或高，将会影响整体欣赏，用户也可为一段音频剪辑设置整体增益。尽管音频增益的调整在音量、摇摆/平衡和音频效果的调整之后，但它并不会删除这些设置。增益的设置对于平衡几个剪辑的增益级别或者调节一段剪辑的过高或过低的音频信号非常有用。

同时，一段音频素材在数字化的时候，若捕获的设置不当，也常常会造成增益过低，而用 Premiere Pro CC 2018 提高音频的增益，将有可能增大素材的噪音甚至造成失真。要使输出效果达到最佳，就应按照标准步骤进行操作，以确保每次数字化音频剪辑时都有合适的增益级别。

【主音频计量器】在主轨道的音量表顶部有两个小方块，表示系统能处理的音量极限。当小方块显示为红色时，表示音频音量超过极限，音量过大时，就需要调整音频增益。

调整音频增益的方法较简单，在【项目】窗口或【时间线】窗口中选中要调整音频增益的音频文件，执行菜单栏中的【剪辑】|【音频选项】|【音频增益】命令(如图 10-21 所示)，打开【音频增益】对话框，如图 10-22 所示。也可以通过在【时间线】窗口中，选中要调整音频增益的音频文件，右击，然后在弹出的快捷菜单中选择【音频增益】命令，打开【音频增益】对话框。在该对话框中的【调整增益值】文本框中输入数值便可设置音频增益(输入正数表示放大，当然也可通过其他选项进行设置，设置完毕后单击【确定】按钮，即可完成增益的调节。

图 10-21　执行【剪辑】|【音频选项】|【音频增益】命令

图 10-22　【音频增益】对话框

10.2.5　音频类型的转换

一种类型的音频只可添加至与其类型相同的音频轨道中，而音频轨道一旦创建便不可更改，因此在编辑音频过程中往往需要对音频的类型进行转换。

【例 10-3】　创建一个名为"ch10-3"的项目，实现音频类型的转换。

1) 效果说明

本例将导入两个音频素材文件，其中一个音频类型为立体声，另一个为单声道。将导入的单声道音频素材转换为立体声文件，并设置其左声道有声音，而右声道无声音。再将导入的立体声文件分离出两个单声道文件，实现音频类型的转换。

2) 操作要点

本例主要涉及通过【剪辑】|【音频选项】|【拆分为单声道】菜单命令和【剪辑】|【修改】|【音频声道】命令来实现声音类型的转换等操作。

3) 操作步骤

(1) 运行 Premiere Pro CC 2018，打开欢迎界面，单击【新建项目】按钮，打开【新建项目】对话框，如图 10-23 所示。在该对话框中，采用默认设置，选择项目的保存路径及输入名称"ch10-3"后，单击【确定】按钮，进入程序主界面。按下快捷键 Ctrl+N，打开【新建序列】对话框，在【轨道】选项卡中，设置【主】为【立体声】，【音频 1】轨道为【单声道】，【音频 2】轨道为【标准】，如图 10-24 所示，【序列名称】默认为"序列 01"，单击【确定】按钮。

图 10-23　【新建项目】对话框

图 10-24　在【新建序列】对话框中设置各项

(2) 执行【文件】|【导入】菜单命令，打开【导入】对话框，选中要导入的音频文件"水滴.wav"和"两只老虎.mp3"，如图 10-25 所示。单击【打开】按钮，则将选中的两段音频导入【项目】窗口中，如图 10-26 所示。

图 10-25　【导入】对话框

图 10-26　导入音频素材

(3) 在【项目】窗口中选中"水滴.wav"素材文件，执行菜单栏中的【剪辑】|【音频选项】|【拆分为单声道】菜单命令，如图 10-27 所示。可以看到【项目】窗口中出现了"水滴.wav 右侧"和"水滴.wav 左对齐"两个单声道的文件，如图 10-28 所示。

图 10-27　执行【拆分为单声道】命令

图 10-28　分离后的单声道文件

提示

将立体声文件分离为两个单声道文件，该操作不影响原立体声文件。

(4) 在【项目】窗口中选中要转换的音频文件"两只老虎.mp3"，确保该音频文件在时间线中未被使用。执行菜单栏中的【剪辑】|【修改】|【音频声道】命令，则出现【修改剪辑】对话框，如图 10-29 所示。修改【剪辑声道格式】为【立体声】，此时下方【媒体源声道】会出现【L】和【R】声道，选中【R】声道，如图 10-30 所示，单击【确定】按钮。双击【项目】窗口中的"两只老虎.mp3"素材，打开【源】窗口，此时可以看到这一素材已经变成了立体声文件，如图 10-31 所示。

当然，也可以实现其他音频文件类型间的转换，用户可自行尝试。

图 10-29　【修改剪辑】对话框

图 10-30　修改【剪辑声道格式】为【立体声】

图 10-31 素材已改为立体声

10.2.6 利用关键帧技术调节音量

在 Premiere Pro CC 2018 中，可以用【效果控件】面板来调节声音素材的各种效果，特别是音频切换效果和滤镜特效。同时，系统还为【时间线】窗口的音频素材提供了 1 个固定效果——【音量】，如图 10-32 所示。展开【音量】效果，可以看到它包括两个选项：【旁路】和【级别】，选中【旁路】将忽略一些音频效果，【级别】用于音量大小的调节。

使用关键帧技术，可以使音频在不同时间以不同的音量播放。在【效果控件】面板中，单击【级别】选项前方的【切换动画】按钮 ，记录动画关键帧。移动时间线到不同时刻，修改其参数便可添加关键帧，如图 10-33 所示。也可通过【添加/移除关键帧】按钮 ，进行关键帧的添加与删除，再进行参数的调整，通过调节它们的【级别】值来调节音量。单击【效果控件】面板下方的按钮 或单击空格键便可进行预听，可以发现，音频的音量大小发生了改变。

图 10-32 【效果控件】面板中的【音量】选项

图 10-33 为音频设置关键帧

在【时间线】窗口中，可以在音频轨道中看见刚才设定的关键帧。使用鼠标拖动关键帧控制点，可以改变关键帧的音量和关键帧在时间线上的位置，如图 10-34 所示。

图 10-34 在【时间线】窗口中修改关键帧

10.2.7　利用调音台调节平衡与音量

使用【音轨混合器】窗口，用户可以在播放音频素材的同时设定音量的大小和左右声道的平衡。该操作与【时间线】窗口中相应部分的调整是同步的，一旦在【音轨混合器】窗口中进行了操作，系统将自动在【时间线】窗口中为相应音频轨道中的音频素材添加属性。

使用【音轨混合器】窗口调节平衡和音量的操作步骤如下。

(1) 在【时间线】窗口中打开相应的音频轨道，然后移动时间线指针至所需的时间位置。

(2) 在【音轨混合器】窗口中选择要调整的音频轨道。

(3) 在【自动模式】的下拉列表中选择一个选项。该下拉列表中各选项的作用如下。

◉ 【读取】选项：在播放轨道音频素材的过程中，如果运用了自动控制功能，在该模式时，会主动读取发生变化属性的自动控制设置。

◉ 【闭锁】选项：用于记录光标拖动音量控制和平衡控制的每个控制参数，释放鼠标后，控制将保持在调整后的位置。

◉ 【触动】选项：用于仅当光标停止拖动音量控制和平衡控制时才开始记录混音参数，释放鼠标后，控制将返回原位置。

◉ 【写入】选项：用于从回放开始记录每个控制参数，而不是仅记录光标拖动时的控制参数。

(4) 单击【音轨混合器】窗口底部的【播放/停止切换】按钮，回放音频素材，并开始记录混音操作。

(5) 拖动【音量控制器】滑块，改变该轨道中音频的音量大小。

(6) 拖动【左/右声道平衡】按钮，调节声道的平衡属性。

(7) 回放编辑完的音频素材，检查编辑的效果。

计算机基础与实训教材系列

任务 3　音频的剪辑与合成

Premiere Pro CC 2018 的音频处理需遵循一定的顺序，用户在编辑音频时需先处理音频转场效果，然后处理音频轨道中音频的速度与播放时间，再调整所添加的滤镜效果或增益。

前面介绍了音频的基础知识和音频编辑的一些基本操作，本节将通过两个实例向用户展示如何对音频素材进行简单的剪辑操作和合成。

10.3.1　音频剪辑

本例中将应用所学的知识对音频素材进行剪辑操作，并将这些音频素材添加到不同轨道中制作合成声音效果，在实例中还将介绍音频单位的查看和修改以及音频过渡效果的添加和设置。

【例10-4】创建一个名为"ch10-4"的项目，导入几段音频素材，对其进行剪辑，制作合成声音效果。

1) 效果说明

本例主要完成音频合成的效果。

2）操作要点

本例主要通过【项目设置】对话框中音频的有关选项修改音频的单位，应用【源】窗口、【节目】窗口和【时间线】窗口中的命令，完成音频的合成。

3）操作步骤

(1) 运行 Premiere Pro CC 2018，打开欢迎界面，单击【新建项目】按钮，打开【新建项目】对话框。在该对话框中采用默认设置，选择项目的保存路径及输入名称为"ch10-4"后，单击【确定】按钮，进入程序主界面。按下快捷键 Ctrl+N，打开【新建序列】对话框，【序列名称】默认为"序列 01"，单击【确定】按钮。

(2) 执行【文件】|【导入】菜单命令，打开【导入】对话框，将选中的 4 段音频"非洲原住民音乐.mp3""大象叫.wav""斑马叫.wav"和"狮子叫.wav"导入【项目】窗口中，如图 10-35 所示。

(3) 双击【项目】窗口中的 4 段音频"非洲原住民音乐.mp3""大象叫.wav""斑马叫.wav"和"狮子叫.wav"，将其导入【源】窗口中，进行预听，如图 10-36 所示。

图 10-35　导入素材至【项目】窗口

图 10-36　预听和查看音频素材

(4) 将"大象叫.wav"拖动到【时间线】窗口的 A1 音频轨道上，如图 10-37 所示。

(5) 在 Premiere 中，音频时间通常按音频单位显示，而不是用帧来表示。音频单位一般包括毫秒和音频采样率(最小的音频单位)。用户可以通过菜单栏中的【文件】|【项目设置】|【常规】命令，调出【项目设置】对话框，通过【音频】|【显示格式】选项，进行音频单位的查看和修改，如图 10-38 所示。

图 10-37　导入音频素材

图 10-38　【项目设置】对话框

同时，用户也可以通过【源】窗口或【时间线】窗口中的 ☰ 按钮，展开扩展选项，进行相关音频单位的查看和修改，如图 10-39 所示。

此时"非洲原住民音乐.mp3"的长度以当前视频的单位显示为3分56秒15帧，以音频单位则显示为03:56:26460。通过查看音频单位，可以发现此时的音频单位是音频采样率。因为当前音频为48千赫，即1秒由48000个最小单位组成，所以此视频单位中的1秒由25个最小单位组成更为精确。通过拖动【时间线】窗口的放大按钮，可看到时间线从03:00:00000向右移动一个单位，即1秒。现在，用户可以通过【文件】|【项目设置】|【常规】命令，调出【项目设置】对话框，将【音频】|【显示格式】中的音频单位更改为毫秒，即1秒由1000个最小单位组成，如图10-40所示。

图 10-39 【时间线】窗口的扩展选项　　　　图 10-40 以毫秒为单位显示音频

这里不需要对音频进行过于精细的剪辑，为此，通过【时间线】窗口中的 ☰ 按钮，将【显示音频单位】的复选框设置为未选中状态，以帧为最小单位进行剪辑。

(6) 在【源】窗口监听播放声音的同时查看其音频波形，可以看到"非洲原住民音乐.mp3"的00:00:35:21处之前为舒缓音乐部分，鼓点从00:00:35:21处开始。将此处定为入点，再将音频素材结束处00:04:56:19定为出点，把素材拖到A3轨道的"大象叫.wav"素材之后，如图10-41所示。

图 10-41 添加素材到 A3 轨道上

(7) 单击【节目】窗口中的【播放】按钮 ▶，试听音乐"非洲原住民音乐.mp3"，发现在00:02:06:16处有一个音乐的间歇，在此处添加"斑马叫.wav"。双击"斑马叫.wav"素材，将其在【源】窗口中打开，查看其波形显示并监听其播放效果，从中寻找比较合适的两声鸣叫。在【源】窗口中将时间移至00:00:02:20处，单击【设置入点】☒ 按钮，设置入点；将时间移至00:00:04:24处，单击【设置出点】☒ 按钮，设置出点，如图 10-42 所示。

图 10-42 设置入点与出点

（8）在【时间线】窗口中选择 A2 轨道，使其处于高亮状态。将时间线移至 00:02:06:16 处，在【源】窗口中单击【覆盖】按钮 ，将"斑马叫.wav"添加到 A2 轨道上，如图 10-43 所示。

（9）将【项目】窗口中的"狮子叫.wav"拖至 A2 轨道上，并使其与【时间线】窗口中的"非洲原住民音乐.mp3"右对齐，如图 10-44 所示。

图 10-43　"斑马叫.wav"的放置　　　　图 10-44　"狮子叫.wav"位置的调节

（10）保存项目文件。

10.3.2　音频合成

在进行音频编辑操作时，时常要进行音频文件的合成。在 Premiere 中，用户可以十分轻松地对音频进行简单的剪辑修正，制作音频合成。本例中简单介绍如何进行音频合成，并对其中的音频素材进行剪辑。如用户需要，可自行进行音频素材剪辑后，再进行音频合成。

【例 10-5】　创建一个名为"ch10-5"的项目，导入 3 段音频素材，进行合成。

1）效果说明

本例主要实现将音频合成为一个整体的效果。

2）操作要点

本例主要使用【链接】命令使音频合为一体，使用【取消链接】命令后则可使之分离。

3）操作步骤

（1）运行 Premiere Pro CC 2018，打开欢迎界面，单击【新建项目】按钮，打开【新建项目】对话框，如图 10-45 所示。在该对话框中，采用默认设置，选择项目的保存路径及输入名称"ch10-5"后，单击【确定】按钮，进入程序主界面。按下快捷键 Ctrl+N，弹出【新建序列】对话框，切换到【轨道】选项卡，设置【主】为【立体声】，【序列名称】默认为"序列 01"，单击【确定】按钮，如图 10-46 所示。

图 10-45　【新建项目】对话框　　　　图 10-46　设置新建序列

(2) 执行【文件】|【导入】菜单命令，打开【导入】对话框，选中要导入的音频文件，如图 10-47 所示。单击【打开】按钮，将选中的 3 段音频"沙滩.mp3""青春.mp3"和"花园.mp3"导入【项目】窗口中，如图 10-48 所示。

图 10-47 【导入】对话框   图 10-48 导入素材至【项目】窗口

(3) 分别双击【项目】窗口中的这几段音频，将其导入【源】窗口中，进行预听。

(4) 将"沙滩.mp3""青春.mp3"和"花园.mp3"分别拖动到【时间线】窗口的 A1、A2 和 A3 音频轨道上，如图 10-49 所示。

(5) 按住 Shift 键，单击"沙滩.mp3""青春.mp3"和"花园.mp3" 3 个音频素材，执行菜单栏中的【剪辑】|【链接】命令，如图 10-50 所示。或右击，在弹出的快捷菜单中选择【链接】命令，即可将 3 个音频文件合成为一体。

图 10-49 将素材拖至音频轨道上   图 10-50 执行【剪辑】|【链接】命令

若需要分解刚合成的音频文件，可选中素材，执行菜单栏中的【剪辑】|【取消链接】命令，或右击，在弹出的快捷菜单中选择【取消链接】命令。

在进行音频合成时应注意：不可链接不同类型音频轨道上的文件，如不可将单声道音频文件与立体声轨道上的音频文件进行合成。

任务 4　应用音频特效

声音处理的效果和方法很多，如音质调整、混响、延迟和变速等。音频特效有很多种，它的作用就如同图像处理软件中的滤镜，可以使声音产生千变万化的效果。

Premiere Pro CC 2018 中，根据声音类型的不同，音频特效分为 5.1 声道、立体声和单声道 3 大类型，可以为音频添加多种效果并通过【效果】面板进行查看，如图 10-51 所示。

Premiere Pro CC 2018 自带的大多数音频特效都适用于不同声道的素材，其使用方法是相同的。通过选中要添加特效的音频文件，单击【音频效果】中的特效，将其拖至【效果控件】窗口中，便可完成音频特效的添加。也可以通过单击【音频效果】中的特效，将其拖至【时间线】窗口中已选中的要添加特效的音频文件上，即可完成特效的添加。最后利用【效果控件】进行参数的设置。用户想要删除已添加的音频特效，可通过单击【效果控件】中已添加的音频特效名称，直接按 Delete 键删除，或右击并选择【清除】命令。

下面先介绍 3 个声道所共有的特效。每个特效都包含一个旁路选项，可以随时关闭或者取消效果。

1. 音量(Volume)

系统为【时间线】窗口的音频素材提供了一个固定的音频效果——【音量】，另外，也可通过【效果】面板添加【音量】效果。当电平峰值超过系统硬件可以接纳的动态范围时，声音就会过载或失真。【音量】特效为素材建立音频包络线，可以调节素材电平不至于过载。正值表示增加音量，负值表示降低音量。【音量】特效仅对素材有效，它的【效果控件】面板如图 10-52 所示。

图 10-51　【音频效果】分类

图 10-52　音量【效果控件】面板

2. 带通(Bandpass)、低通(Lowpass)和高通(Highpass)

使用【带通】特效，可以将指定范围以外的声音或者波段的频率删除，它的【效果控件】面板如图 10-53 所示。【中心】选项用于确定指定范围的中心频率。【Q】选项用于确定保留的频宽。数值小，频带宽；数值大，频宽窄。

【低通】也称为高切，低于某给定频率的信号可有效传输，而高于此频率(滤波器截止频率)的信号则受到很大的衰减。低通滤波器可以切去音响系统中不需要的高音成分。

【高通】亦称低切，高于某给定频率的信号可有效传输，而低于此频率的信号将受到很大的衰减，这个给定频率称为滤波器的截止频率，高通滤波器可切去话筒听讲时的气息"噗噗"声及不需要的低音成分，还可切去声音信号失真时产生的直流分量，防止烧毁低音音箱。

【低通】和【高通】的效果控件面板如图 10-54 所示。

图 10-53　【带通】效果控件面板

图 10-54　【低通】和【高通】效果控件面板

3. 低音(Bass)和高音(Treble)

使用【低音】特效，可以增强或减少低音，适用于 200Hz 或者更低一些的频率。【旁路】选项用于设置对低音提升或者降低的数值，取值为-24.0~24.0dB。正值为提升低音，负值为降低低音。

使用【高音】特效，可以对 4000Hz 或者更高的音量进行提升或衰减。

【低音】和【高音】的效果控件面板如图 10-55 所示。

4. 延迟(Delay)和多功能延迟(Multitap Delay)

【延迟】特效可以为音频素材在一定范围内添加回声效果，它的效果控件面板如图 10-56 所示。【延迟】选项设定延迟时间，最大值为 2 秒；【反馈】选项设置延迟信号回馈的百分比；【混合】选项控制回声数量。

图 10-55　【低音】和【高音】效果控件面板

图 10-56　【延迟】效果控件面板

【多功能延迟】特效可以对延迟效果进行更深层次的设置，它的效果控件面板如图 10-57 所示。【延迟 1-4】选项设定原始信号和回声之间的时间，最大值为 2 秒；【反馈 1-4】选项设定延迟信号返回后所占的百分比；【级别 1-4】选项控制每个回声的音量；【混合】选项混合调节延迟与非延迟回声的数量。

5. 简单的参数均衡(Parametric EQ)

【简单的参数均衡】特效可以增强或衰减接近中心频率处的声音，它的效果控件面板如图 10-58 所示。

图 10-57　【多功能延迟】效果控件面板

图 10-58　【简单的参数均衡】效果控件面板

人所能听到的大多数声音并不完全由一个特定的频率构成，也就是说，录入的某段音频是由很多频率段组成的(基音的频率段和泛音的频率段)。

参数均衡的主要作用如下。

(1) 改善房间、厅堂建筑结构上所产生的某些缺陷，使用均衡器调节，可以使频率特性曲线变得平滑。

(2) 根据不同风格的节目源进行频率提升和衰减，使各种不同风格的音乐发挥其独特的音响艺术效果。

(3) 根据自己对音乐的某些偏爱，可以对低频、中低频、中高频和高频各频段和频点进行提升和衰减，调整某些频率的音色表现力，以达到某种特殊的艺术魅力。

6. 去除指定频率、反相

【消除嗡嗡声】特效可以协调清除声音素材中的指定频率。

嗡嗡声和交流声在电子学领域属于一种不希望发生的低频电流，它会干扰所要求的信号，通常这种现象是由交流供电线路屏蔽不良引起的。

【消除嗡嗡声】效果控件面板如图 10-59 所示。

7. 声道音量(Channel Volume)

【声道音量】特效是【立体声】和【5.1 声道】所特有的，【单声道】没有。特效以分贝(dB)

为计量单位，独立调整【立体声】或者【5.1 环绕声】素材或者音轨音量。它的效果控件面板如图 10-60 所示。

图 10-59 【消除嗡嗡声】效果控件面板

图 10-60 【声道音量】效果控件面板

以下特效是立体声声道所独有的特效。

8. 平衡(Balance)

【平衡】特效用于控制左右声道的音量。正值表示增加左声道音量比例，负值表示增加右声道音量比例。它的效果控件面板如图 10-61 所示。

9. 用左侧填充右侧、用右侧填充左侧

【用左侧填充右侧】或【用右侧填充左侧】特效只对立体声素材有效。它的效果控件面板如图 10-62 所示。例如，填充左声道时，需复制右声道的内容并"放入"左声道，而原来左声道的内容将被覆盖。

图 10-61 【平衡】效果控件面板

图 10-62 【用左侧填充右侧】和【用右侧填充左侧】效果控件面板

10. 互换声道(Swap Channel)

【互换声道】特效使左右声道对调，仅对立体声有效。它的效果控件面板如图 10-63 所示。

除了对音频素材设置特效外，还可以直接对音频轨道添加特效。在【音轨混合器】窗口的特效设置区域中单击右边的小三角，在弹出的下拉列表中选择需要使用的音频特效即可。用户可以在同一个音频轨道上添加多

图 10-63 【互换声道】效果控件面板

个特效，并分别进行控制。

拓展训练

本拓展训练主要运用 Premiere Pro CC 2018 的音频工具，制作一个配乐朗诵，使用户在上机练习完成该案例制作的同时，熟悉音频基本操作，把握音频应用的技巧。

1) 效果说明

本例主要实现为一段图片素材配音并添加背景音乐的效果。

2) 操作要点

本例主要包括调节音乐时长同图片总时长相对应、在特定位置为配乐添加淡入淡出效果等操作。

3) 操作步骤

(1) 运行 Premiere Pro CC 2018，打开欢迎界面，单击【新建项目】按钮，打开【新建项目】对话框，如图 10-64 所示。在该对话框中，采用默认设置，选择项目的保存路径及输入名称"ch10-6"后，单击【确定】按钮，进入程序主界面。按下快捷键 Ctrl+N，弹出【新建序列】对话框，设置【编辑模式】为"自定义"，【帧大小】为"1920(水平)、1080(垂直)"，单击【确定】按钮，如图 10-65 所示。

图 10-64 【新建项目】对话框

图 10-65 设置新建序列

(2) 在【项目】窗口空白处双击，打开【导入】对话框。在该对话框中，选择图像素材文件"1.jpg"～"8.jpg"，以及"配乐.mp3""配音.wma"这两个声音素材文件，单击【打开】按钮，将素材导入【项目】窗口中，如图 10-66 所示。

(3) 选中"配音.wma"素材文件，将其拖动到【时间线】窗口的 A1 轨道上，将素材"1.jpg"～"8.jpg"拖到【时间线】窗口的 V1 轨道上，适当调整其长度，使其与配音内容相符。

在【效果控件】面板中调整每个图像素材的大小，使之充满画布。在【效果】面板中选择【视频过渡】|【溶解】|【交叉溶解】特效，将其添加到图像素材之间，如图 10-67 所示。

图 10-66　导入素材文件

图 10-67　在【时间线】窗口中添加素材

(4) 选中"配乐.mp3"素材文件，将其拖动到【时间线】窗口的 A2 轨道上。将时间线指针定位在图像结束后的位置，选中工具栏中的"剃刀工具" 在此处切割音频文件，单击后半部分音频文件，直接按 Delete 键删除。在【效果】面板中选择【音频过渡】|【交叉淡化】|【指数淡化】特效，将其拖到"配乐.mp3"的结尾处，打开【效果控件】面板，调整特效的【持续时间】为 00:00:03:00，如图 10-68 和图 10-69 所示。

图 10-68　剪辑"配乐.mp3"素材文件

图 10-69　设置特效【持续时间】

(5) 再次试听效果，确认无误后，利用【文件】|【导出】命令输出影片。

习　题

1. 简述【音量】【音调】和【音色】的概念。
2. Premiere Pro CC 2018 中可以使用哪 3 种音频类型？
3. Premiere Pro CC 2018 中可以使用哪几种音频轨道？
4. 如何添加和删除音频轨道？

5. 如何进行音频文件类型的转换？

6. 如何调整音频的持续时间和播放速度？

7. 如何调节音频增益？

8. 如何为音频素材添加关键帧？

9. 如何利用【音轨混合器】调节平衡与音量？

10. 如何查看音频素材的音频显示单位？

11. Premiere Pro CC 2018 中提供了哪些音频过渡效果？

12. Premiere Pro CC 2018 中可以制作哪些音频特效？

13. Premiere Pro CC 2018 中哪些音频特效是立体声所独有的？

第11章

输出影片

任务 1 了解导出影片

Premiere Pro CC 2018 提供了多种输出方式。一般来说，最终的节目输出可以分为两大类：一类用于广播电视播出；另一类用于计算机上播放的视频文件、静态图片、序列文件或动画文件。

因此，在 Premiere Pro CC 2018 中，最终的输出有两种截然不同的压缩方式，即硬件压缩和软件压缩。广播电视节目需要硬件压缩，而计算机上的媒体播放一般采用软件压缩的方式，最终的效果与计算机本身的视频卡直接相关。

Premiere Pro CC 2018 中的导出功能一般是在制作影片成品时使用。首先选择需要输出的序列，执行【文件】|【导出】命令，如图 11-1 所示，通过这些子命令可以很轻松地输出各种所需的影音格式文件。

图 11-1　【导出】子菜单选项

该级联菜单主要选项的功能如下。

⊙　【媒体】：用于各种类型文件的格式输出，包括视频、音频、图像和动画文件等。

⊙　【字幕】：输出单独的字幕文件。

⊙　【磁带】：把节目导出到外部的磁带上，以供播出或保存。用户只需将计算机采集卡上的视频、音频信号(或者 DV 信号)送入录像机，在【节目】窗口中播放影片的同时，用录像机直接录制到 DV 磁带上即可。

⊙　EDL：EDL(Edit Decision List)文件包含众多编辑信息，包括素材所在的磁带、文件的长度和所用效果等，目的在于为编辑大数据量的电视节目(如电视连续剧)时使用。先以一个压缩比率较大的文件(画面质量差、数据量小)进行编辑以降低编辑时对计算机运算和存储资源的占用，编辑完成后输出 EDL 文件，再通过导入 EDL 文件，采集压缩比率小甚至是无压缩的文件进行最终成片的输出。

⊙　OMF：用于加载 AIFF 编码器。

⊙　AAF：AAF 是 Advanced Authoring Format 的缩写，意为"高级制作格式"，是一种用于多媒体创作及后期制作、面向企业界的开放式标准。AAF 是自非线性编辑系统之后电视制作领域最重要的新进展之一，它解决了多用户、跨平台以及多台计算机协同进行数字创作的问题，给后期制作带来了极大的方便。

⊙　Final Cut Pro XML：可以导入从 Final Cut Pro 导出为 XML 文件的整个项目、选定剪辑或选定序列。在 Premiere 中，素材箱和剪辑的层次结构和名称与其在 Final Cut Pro 源项目中的层次结构和名称相同。另外，Premiere 还会保留 Final Cut Pro 源项目的序列标记、序列设置、轨道布局、锁定的音轨和序列时间码起始点。Premiere 会将来自 Final Cut Pro 文本生成器的文本导入 Premiere 标题。

任务 2　导出影片设置

影片导出中以【媒体】命令最为常用，这里将详细介绍【媒体】命令下导出影片的相关设置。

执行【文件】|【导出】|【媒体】命令，可以打开如图 11-2 所示的【导出设置】对话框。可以看到它分为预览和【导出设置】两个窗口，下面就这两个窗口分别进行介绍。

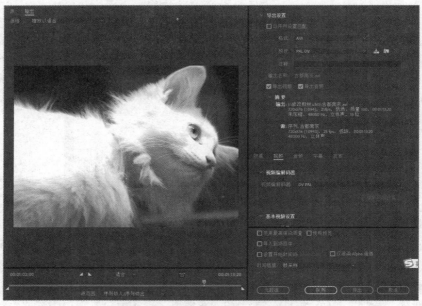

图 11-2　媒体【导出设置】对话框

11.2.1　预览窗口

　　【预览】窗口如图 11-3 所示。该窗口包含【源】和【输出】两个选项卡，在【源】选项卡中可对最终要输出的作品进行裁剪和设置，而【输出】选项卡可供用户预览最终的导出效果。底部的按钮用于设置【长宽比校正】选项。

图 11-3　预览窗口

打开【源】选项卡，在其下方有一组工具按钮，各按钮的含义如下。

◉ 【裁剪】 ：按下该按钮，可以激活【裁剪】属性，对文件进行裁剪。该按钮用于对当前整体对象的大小进行修改。选中该按钮后，要输出的文件选框将变成白色，此时就可根据要输出的部分进行裁剪。

◉ 【参数设定】 左侧 85 像素 顶部 0 像素 右侧 19 像素 底部 0 像素 ：通过左侧、顶部、右侧和底部 4 个参数来设定要输出的部分，其功能与【裁剪】按钮 一样。

◉ 【输出比例】 无 ∨ ：用于输出比例的设置。单击 ∨ 按钮，则出现多种输出比例供用户选择，如图 11-4 所示。

设置完成以后，在预览窗口下方将显示文件的大小和输出的时长。在左侧显示当前源文件的大小，在右侧显示输出文件的大小，在下方显示输出的文件时长。

◉ 和 按钮：用于设定入点和出点。

◉ 【显示比例】 适合 ∨ ：用于当前显示比例的设置，单击 ∨ 按钮，则出现如图 11-5 所示的显示比例下拉菜单。一般情况下，系统默认为"适合"，用户也可根据自己的需要来设置。

◉ ▬▬▬▬▬▬▬▬▬▬▬ ：用于通过拖动 和 按钮设置输出位置。通过拖动上方的【时间线指针】按钮 ，可预览输出文件。

裁剪完成后，可切换至【输出】选项卡，如图 11-6 所示。在其中可以查看即将输出的视频画面，用户可根据预览的输出样式进行裁剪设置。

图 11-4 输出比例下拉菜单

图 11-5 显示比例下拉菜单

图 11-6 【输出】选项卡

11.2.2 【导出设置】窗口

【导出设置】窗口如图 11-7 所示。

下面分别简要介绍该窗口中各选项的作用和功能。

◉ 【格式】选项：用户输出文件时，首先要设定的是文件的输出格式。单击格式选项右侧的 ∨ 按钮，用户可以从中选择多种文件格式的输出方式，如图 11-8 所示。最常用的格式是 AVI 视音频文件格式。当然，也可导出为单独的图像或视频、音频文件。

◎ 【预设】选项：系统中提供的默认设置，用于设定文件输出的制式、分辨率等，其选项根据选择格式的不同而不同。单击【预设】选项右侧的 按钮，可以在其中选择要输出文件制式的种类、分辨率，如图 11-9 所示。

图 11-7　【导出设置】窗口　　　　图 11-8　【格式】选项菜单　　　　图 11-9　【预设】选项菜单

【预设】选项右侧 3 个按钮的功能如下。

◎ 【保存预设】 按钮，用于保存用户输出的制式，也可用于保存用户自定义的制式。选择一种预设后，单击 按钮，将弹出【预设错误】对话框，如图 11-10 所示。这是因为选择的是系统预置的制式，导致不能将其覆盖，故出现错误。

◎ 【安装预设】 按钮，用于导入用户需要的预设。单击 按钮，将弹出【安装预设】对话框，如图 11-11 所示。在该对话框中用户可以打开需要的制式的位置，然后进行导入，导入的预置文件类型包括*.epr 和*.xml 两种。

图 11-10　【预设错误】对话框　　　　　　　图 11-11　【安装预设】对话框

- ◉ 【删除预设】■按钮，用于删除用户保存和导入的预设。值得注意的是，系统自带的预设将无法删除。
- ◉ 【注释】选项 注释 ▇▇▇▇▇▇▇▇▇▇▇▇▇▇▇▇▇▇▇▇▇▇▇▇▇：用于为输出文件添加注释，单击即可进行输入。
- ◉ 【输出名称】选项：用于输出名称和输出路径的设置。单击系统默认的输出路径和名称，将出现【另存为】对话框，如图 11-12 所示，供用户选择要保存的路径和文件名称。

图 11-12　【另存为】对话框

在上述 4 个选项的下方，是【导出视频】和【导出音频】选项，单击前方的 ☑ 可选择是否导出。下方显示的是输出文件的摘要信息，如图 11-13 所示。

Premiere Pro CC 2018 版本在导出时增设了【效果】【视频】【音频】【字幕】和【发布】选项卡。下面将对其中的几种选项卡进行简单介绍。

图 11-13　文件的摘要信息

- ◉ 【效果】选项卡：用于设置各种效果，譬如叠加图像等。选中【图像叠加】前的按钮 ☑ 图像叠加，单击【已应用】的下拉菜单按钮 ▾ ，选择【选择】，之后将出现如图 11-14 所示的对话框。选择要添加的图片，调整【偏移】 偏移 位置、图像【大小】 大小 、【不透明度】 不透明度 等参数。
- ◉ 【视频】选项卡：可用于设置视频编码器，包括品质、高度和宽度等基本设置以及关键帧、是否扩展静帧图像等高级设置。单击【视频编解码器】右侧的 ▾ 按钮，便可出现【视频编解码器】下拉菜单，供用户选择，如图 11-15 所示。【视频编解码器】选项下方有【基本视频设置】和【高级设置】两个选项组，如图 11-16 和图 11-17 所示。

在【基本设置】选项组中，用户可对输出的文件品质、高度和宽度、帧速率、场类型、纵横比和深度进行设置。【质量】用于调整媒体输出格式的编解码器品质。一般来说，品质越高则画面越清晰，但相应的导出文件的容量越大，有可能在速度较慢的计算机上无法正常播放，而且还会占用更大的硬盘空间。【帧速率】用于设置每秒钟的帧比率。用户如果不想改变影像的帧比率，最好还是与项目文件的设置相同，用户可以设置 1~29.97fps 之间的各帧速率。

图 11-14 【选择图像】对话框

图 11-15 【视频编解码器】下拉菜单

图 11-16 【基本视频设置】选项组

图 11-17 【高级设置】选项组

在【高级设置】选项组中，用户可设置关键帧的间隔以及是否扩展静帧图像。通过选择【关键帧】可按照媒体输出格式的编解码器，以数字的方式来设置所需的关键帧的数值。

◉　【音频】选项卡：可用于输出影片中的音频编码器以及采样率、声道、采样类型和音频交错等属性的基本设置，如图 11-18 所示。

◉　【发布】选项卡：可对输出影片中的其他属性进行基本设置，如图 11-19 所示。

图 11-18 音频设置

图 11-19 发布设置

【效果】【视频】【音频】和【发布】4 个选项卡是高级模式的常用选项卡。当用户输出的文件为视音频文件时，【高级模式】会呈现上述选项卡。当用户选择输出文件为 GIF、Windows 位图、Targa 和 TIFF 等图像格式文件时，则不能在【导出设置】对话框中设置与音频相关的参数选项，即仅出现【滤镜】【视频】和【其他】3 个选项卡。当用户选择输出格式文件为 MP3 和 Windows 波形等音频格式文件时，则不能在【导出设置】对话框中设置与视频相关的参数选项。而当用户选择输出文件为 Audio Only、H.264、H.264 蓝光等格式文件时，则会出现【多路复用器】选项卡，它们为不同的网络速度或设备配置提供多样的输出。如图 11-20 所示为 H.264 格式(常用流媒体格式)下的【多路复用器】选项卡。图 11-21 为 H.264 蓝光格式(常用流媒体格式)下的【多路复用器】选项卡。

图 11-20 H.264 格式下的【多路复用器】选项卡　图 11-21 H.264 蓝光格式下的【多路复用器】选项卡

当用户完成整个导出设置后，单击【确定】按钮，便可进行文件的渲染和导出，导出完成后，可在存放路径下进行查看和播放。

任务 3　使用 Adobe Media Encoder

Adobe Media Encoder 是一个视频和音频编码应用程序，能够对各种格式的音频和视频文件进行编码。

用户在【导出设置】对话框中设置好参数后，单击【队列】按钮，Premiere 会自动启动 Adobe Media Encoder 软件，界面如图 11-22 所示。

图 11-22 启动 Adobe Media Encoder

单击【启动队列】按钮 ，开始渲染输出影片，此时【开始队列】按钮将变为【暂停排队】按钮 ，在软件下方可以看到渲染信息，如图 11-23 所示。

图 11-23 渲染输出信息

各按钮的功能介绍如下。

- ◉ 【暂停排队】 ：单击该按钮可以暂停渲染，此时【暂停排队】按钮将变为【继续排队】按钮 。
- ◉ 【停止队列】 ：单击该按钮可以停止渲染影片，此时会弹出如图 11-24 所示的提示框。
- ◉ 【添加源…】 ：单击该按钮可以在队列中添加一个或多个文件，对话框如图 11-25 所示。使用【文件】菜单，还可以添加 After Effects 合成图像、Premiere 序列等。

图 11-24 停止队列提示框

图 11-25 【添加源】对话框

⊙ 【重制】 和【移除】 ：对队列中选中的文件进行复制或移除操作，单击【移除】按钮时，将会弹出如图 11-26 所示的提示框。

图 11-26 移除提示框

⊙ 【添加输出】 ：单击该按钮可以在窗口中添加一个输出文件。

任务4 导出视频画面为图像

在 Premiere Pro CC 2018 中，要将【时间线】窗口中的视频素材导出为图像，可以执行【文件】|【导出】|【媒体】命令，导出静帧视频画面为单帧图像，也可以导出一段视频片段为序列图像，但导出单帧画面和导出序列图像在设置上有所差别。

11.4.1 导出静帧为单帧画面

执行【文件】|【导出】|【媒体】命令，不仅可以从素材中将特定的帧导出为单帧画面，还可以把多个轨道上运用各种效果合成的一个帧制作成单帧画面。值得注意的是，导出【媒体】命令根据【源】窗口、【项目】窗口以及【时间线】窗口的选择状态不同，导出的内容也会有所不同。在【源】窗口中，执行【文件】|【导出】|【媒体】命令，会将【源】窗口中当前时间标记处的帧导出为单帧画面；在选择【项目】窗口中的素材时，执行【文件】|【导出】|【媒体】命令，会将素材的第一帧导出为单帧画面。用户可以将静帧导出为 BMP、TIF、GIF 和 TGA 这 4 种图像文件格式。

【例11-1】 打开一个已编辑完成的项目文件，从中选择一帧视频画面，将其导出为单帧画面。

1) 效果说明

本例实现将原视频中的单帧导出为图片格式。

2) 操作要点

本例主要练习导出操作。要注意，在【导出设置】对话框中，【导出为序列】前的复选框不能被选中，否则导出的将是图像序列。

3) 操作步骤

(1) 启动 Premiere Pro CC 2018，打开项目文件"古都南京"。

(2) 在【时间线】窗口中，移动时间线指针至所需的时间位置上，如图 11-27 所示。通过【节目】窗口查看所显示的静帧画面，以确定所需导出静帧的画面位置，如图 11-28 所示。

图 11-27 确定导出静帧的画面位置

图 11-28　查看【节目】窗口

(3) 执行【文件】|【导出】|【媒体】命令，或按 Ctrl+Shift+M 快捷键，打开媒体【导出设置】对话框，如图 11-29 所示，可对预输出的静帧图像进行预览。在右侧的设置对话框中单击【导出设置】窗口中的【格式】选项，选择【格式】下拉列表框中的 TIFF 文件格式。单击【输出名称】后方的路径，将弹出【另存为】对话框，如图 11-30 所示。此处选择保存的位置为 "ch11"，输入所要输出文件的名称为 "序列 01.tif"，单击【保存】按钮，返回【导出设置】对话框。

图 11-29　媒体【导出设置】对话框

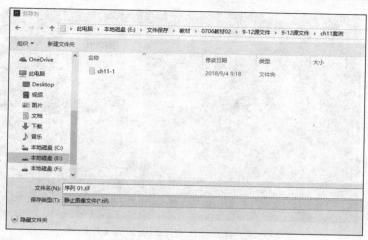

图 11-30 【另存为】对话框

(4) 将下方【视频】选项卡的【导出为序列】前的复选框设置为取消选中状态，使这一选项不被选中(注：如果选中，则会在输出文件夹中产生一个静止图像文件的序列)，如图 11-31 所示。设置完成后，单击下方的【导出】按钮，即可按照设置的参数选项导出静帧画面为图像文件。导出完成后，用户可以在保存的路径下进行查看。

图 11-31 取消选中【导出为序列】复选框

11.4.2 导出视频片段为序列图像

导出视频片段为序列图像也是通过【文件】|【导出】|【媒体】命令实现的。

【例11-2】 打开一个已编辑完成的项目文件，从中选择一个视频片段，将其导出为序列图像。

1) 效果说明

本例实现将一段视频导出为一组图片序列的效果。

2) 操作要点

本例主要练习导出操作。要注意，在【导出设置】对话框中，【导出为序列】前的复选框必须选中，否则导出的将是单帧图像。

3) 操作步骤

(1) 启动 Premiere Pro CC 2018，打开项目文件"古都南京"。

(2) 在【节目】窗口中，设置导出图像的入点和出点，如图 11-32 所示。

(3) 执行【文件】|【导出】|【媒体】命令，打开媒体【导出设置】对话框。在该对话框中单击【导出设置】窗口中的【格式】选项，选择【格式】下拉列表框中的 Targa 文件格式。单击【输出名称】之后的路径，进行修改，如图 11-33 所示，选择要保存的位置，输入所要输出文件的名称"序列 01"，单击【保存】按钮，返回媒体【导出设置】对话框。切换到【视频】选项卡，选中【导出为序列】复选框，如图 11-34 所示。

图 11-32　设置导出为序列图像的工作区域

计算机 基础与实训教材系列

图 11-33　【另存为】对话框

图 11-34　【视频】选项卡

(4) 设置完成后，单击【导出】按钮，便可进行导出。导出完成后，关闭该界面，在存放路径下便可查看已导出的序列图像文件，如图 11-35 所示。

序列 01.tag00	2018/3/15 20:49	TGA 文件	1,621 KB
序列 01.tag00.tga.....	2018/3/15 20:49	XMP 文件	15 KB
序列 01.tag01	2018/3/15 20:49	TGA 文件	1,621 KB
序列 01.tag02	2018/3/15 20:49	TGA 文件	1,621 KB
序列 01.tag03	2018/3/15 20:49	TGA 文件	1,621 KB
序列 01.tag04	2018/3/15 20:49	TGA 文件	1,621 KB
序列 01.tag05	2018/3/15 20:49	TGA 文件	1,621 KB
序列 01.tag06	2018/3/15 20:49	TGA 文件	1,621 KB
序列 01.tag07	2018/3/15 20:49	TGA 文件	1,621 KB
序列 01.tag08	2018/3/15 20:49	TGA 文件	1,621 KB
序列 01.tag09	2018/3/15 20:49	TGA 文件	1,621 KB
序列 01.tag10	2018/3/15 20:49	TGA 文件	1,621 KB
序列 01.tag11	2018/3/15 20:49	TGA 文件	1,621 KB
序列 01.tag12	2018/3/15 20:49	TGA 文件	1,621 KB
序列 01.tag13	2018/3/15 20:49	TGA 文件	1,621 KB

图 11-35　导出的序列图像文件

在导出过程中，若用户需要对导出设置进行修改，可单击【暂停】 Pause 按钮进行修改，完成后，单击【继续】 Continue 按钮，则继续导出；也可通过单击【添加】 Add... 按钮添加要导出的项目文件；或单击【删除】 Remove 按钮删除要导出的项目文件；或单击【复制】 Duplicate 按钮，复制相同的项目文件进行导出。

除了采用上述方法导出视频画面为图像外，也可通过直接执行【文件】|【导出】|【媒体】命令，调出媒体【导出设置】对话框。在该对话框的预览窗口中，通过拖动 ◀━━━━━━━━━━━▶ 中的 ◀ 和 ▶ 按钮来设置所要输出的静帧图像或视频片段，再进行相关的导出设置进行导出即可。

拓展训练

本拓展训练主要通过运用 Premiere Pro CC 2018 的导出功能，将已制作完成的项目文件导出为常用的视音频文件，使用户在上机练习的过程中进一步熟悉 Premiere Pro CC 2018 中影片输出的一些基本操作。

1) 效果说明

本例实现将编辑好的序列导出为可播放的视频文件的效果。

2) 操作要点

输出之前要先对序列进行预览，确保序列没有错误后再进行导出。

用户可以结合自身需要选择输出的视频格式，本例中选择的是"Windows Media"。

3) 操作步骤

(1) 启动 Premiere Pro CC 2018，打开项目文件"古都南京"。

(2) 在【节目】窗口中，单击【播放/停止切换】▶按钮，进行效果预览，如图11-36所示。

(3) 执行【文件】|【导出】|【媒体】命令，打开媒体【导出设置】对话框，如图 11-37 所示。

(4) 在媒体【导出设置】对话框的预览窗口中，通过拖动 ◀━━━━━━━━━━▶ 中的【时间线指针】 来预览效果，并利用【裁剪】工具 对输出的部分进行裁剪，如图 11-38 所示。

(5) 单击预览窗口中的【输出】选项卡，在【输出】选项卡中，将【源缩放】设为【缩放以适合】，对裁剪后的效果进行预览，如图 11-39 所示。

图 11-36　【节目】窗口预览

图 11-37　媒体【导出设置】对话框

图 11-38　裁剪操作

图 11-39　在【输出】选项卡中预览

（6）单击【导出设置】窗口中右侧的【格式】选项，选择【格式】下拉列表框中的 Windows Media 文件格式，并对输出的预设进行选择，此处选用国内通用的 PAL DV。单击【输出名称】之后的路径，弹出【另存为】对话框，如图 11-40 所示。设置存放路径，并将其命名为"古都南京"，单击【保存】按钮，返回媒体【导出设置】对话框，其他选项均保持默认设置。

图 11-40　【另存为】对话框

（7）设置完成后，单击下方的【导出】按钮，便可进行导出，此时会弹出进度框，如图 11-41 所示。

（8）输出完成后，在存放路径下查看已导出的 WMV 文件。利用媒体播放工具可进行播放，至此，整个导出过程操作完毕。

图 11-41　导出进度框

习　题

1. 在 Premiere Pro CC 2018 中可以输出哪些文件格式？
2. 输出单帧画面可选择的文件类型有哪 4 种？
3. 在【音频】选项卡中，可以设置输出影片中音频的哪些属性？
4. 输出在计算机上播放的媒体时一般采用什么压缩方式？
5. 如何输出静帧为单帧画面？
6. 如何输出视频片段为序列图像？

第12章

综合实训

学习目标

　　在日常生活中，很多人经常喜欢使用 Premiere 制作电子相册、庆生视频、婚礼视频等一些相对较复杂的短片，有时候需要为影片画面添加字幕、音乐及各种剪辑特效等。因此，这就需要制作者熟悉并掌握 Premiere 的使用技巧。本章通过对制作实例的详细介绍，使读者进一步体会和熟悉 Premiere Pro CC 2018 软件的操作技巧和应用。

本章重点

- ◉ 视频特效的应用
- ◉ 视频转场的应用
- ◉ 字幕特效的应用
- ◉ 剪辑技巧的应用

任务　制作视频短片《南京如画》

　　本任务要求配合使用视频、图片和音频，通过 Premiere 的编辑和特技功能，营造出恬淡而静谧的氛围，但又不乏活力，动画细腻，色彩和画面感雅致不俗。

　　1)效果说明

　　运用之前章节的知识制作包含视频拼接、视频过渡、字幕应用、特效应用和声音剪辑等剪辑技巧的综合案例《南京如画》。

　　2)操作要点

　　将素材应用于综合案例之前，应当对素材进行基本的修改，这样可提高剪辑效率。

　　字幕的建立可用【文字工具】■和【新建】|【旧版标题】命令等多种方法实现，适当的线条使用可增加整体效果。

选择合适的过渡效果，使素材之间的过渡自然流畅。

背景音频使用时要调整好参数，符合视频整体舒缓、自然的节奏。

3) 操作步骤

(1) 启动 Premiere Pro CC 2018 软件，设置【新建项目】对话框中项目文件的存储路径和名称，如图 12-1 所示。

(2) 单击【确定】按钮，在【项目】窗口中选择【新建项】|【序列】选项，即可进入【新建序列】对话框，在【设置】选项卡中，将【编辑模式】改为"自定义"，【帧大小】设置为"1920(水平)、1080(垂直)"，【像素长宽比】选择"方形像素(1.0)"，序列命名为"序列 01"，如图 12-2 所示。

图 12-1　【新建项目】对话框

图 12-2　【新建序列】对话框

(3) 单击【确定】按钮，在【项目】窗口的空白处双击，打开【导入】对话框，导入所需的素材。导入后的【项目】窗口如图 12-3 所示。

(4) 将【项目】窗口中"画面 1.jpg"素材拖至时间线上，放置到 V1 轨道上，右击"画面 1.jpg"素材，从弹出的快捷菜单中选择【速度/持续时间】命令，在弹出的对话框中将持续时间设置为"00:00:05:00"，如图 12-4 所示。

图 12-3　导入素材后的【项目】窗口

图 12-4　设置图片持续时间

(5) 选择【文件】|【新建】|【旧版标题】命令,新建字幕,字幕名称默认为"字幕01",如图 12-5 所示,单击【确定】按钮进入【字幕】面板。

(6) 在【字幕】面板中选择【文字工具】,单击【编辑】面板,输入文字内容为"南京如画", 在【字幕属性】面板中设置相关属性,【字体系列】为"叶根友毛笔行书简体",【字体大小】为 100.0,【字符间距】为 30.0,添加【描边】大小为 3,添加【阴影】黑色,不透明度为 90%,角度为 100.0°,距离为 10.0,扩展为 30.0,如图 12-6 所示,关闭字幕窗口。

图 12-5　新建字幕

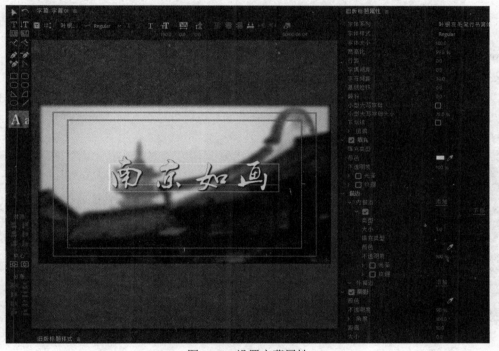

图 12-6　设置字幕属性

(7) 选择字幕"字幕01"并拖放至 V2 轨道上,与 V1 轨道上的内容长度保持一致,将播放头移至第 0 帧的位置,在【效果控件】面板中,展开【运动】属性,单击【缩放】属性左侧的码表⏱创建缩放动画。在 00:00:00:00 处,设置缩放比例为 0%;在 00:00:04:00 处,设置缩放比例为 100%,创建文字从小到大的动画过程。展开【不透明度】属性,在 00:00:04:10 处创建关键帧,设置不透明度为 100%,在 00:00:05:00 处修改不透明度为 0.0%,自动创建一个新的关键帧,形成字幕逐渐消失的动画效果。选择画面 1,添加【高斯模糊】,在 00:00:02:04 处设定关键帧,模糊度为 0;在 00:00:04:17 处设定关键帧,模糊度为 30,如图 12-7 所示。

(8) 将视频素材"荷花.mp4"拖至 V1 轨道上,吸附至前面的素材上。在【效果】面板中打开【视频效果】文件夹,选中【调整】文件夹中的【光照效果】,将其拖入 V2 轨道上的"荷花.mp4"上。

图 12-7　为字幕、背景添加特效

(9) 打开【效果控件】面板，打开【光照效果】属性，设置"光照 1"参数:【光照类型】选择"点光源"，【光照颜色】为"#F99506"，【中央】为"705.1，605.8"，【主要半径】为"34.1"。单击"次要半径"前的码表建立关键帧，在时间 00:00:05:13 处修改次要半径参数为"6.1"，将时间线移动到 00:00:08:05 处，再次修改【次要半径】参数为"22.6"，形成光照范围越来越广的动画效果，如图 12-8 所示。

图 12-8　设置【光照效果】参数

(10) 将时间线移动到"画面 3"与"荷花.mp4"之间，添加【交叉溶解】过渡效果，如图 12-9 所示，【对齐模式】选择"中心切入"。

图 12-9　添加【交叉溶解】过渡效果

(11) 将素材"画面 2.jpg"拖入【时间线】窗口 V1 轨道中，吸附至前面的素材上。设置持续时间为 5s。将时间线移动到"荷花.mp4"和"画面 2.jpg"之间，展开【视频过渡】文件夹，选择【溶解】文件夹中的【交叉溶解】过渡效果。对齐方式选择"起点切入"，如图 12-10 所示。

图 12-10 添加【交叉溶解】过渡效果

(12) 新建字幕名称为"字幕 02"，选择【垂直文字工具】，编辑内容为"接天莲叶无穷碧 映日荷花别样红"。设置相关的字幕属性，字幕颜色及阴影效果均与"字幕 01"的设置相同，如图 12-11 所示。设置完成后，关闭字幕窗口。

图 12-11 设置字幕

(13) 将刚设置的"字幕 02"拖放至 V2 轨道上，于 00:00:05:15 处开始，与 V1 轨道上的图片素材"画面 2.jpg"的结束时间对齐。在【效果】面板中展开【视频过渡】文件夹，在【溶解】文件夹中选择【叠加溶解】效果并拖入到"字幕 02"前端，如图 12-12 所示。

(14) 将图片素材"画面 3.jpg"拖至视频轨道 V1 上，打开【效果控件】面板调节画面尺寸和位置。在"画面 2.jpg"与"画面 3.jpg"之间添加【渐变擦除】效果，设置柔和度为 10，单击【确定】按钮，如图 12-13 所示。

图 12-12　添加【叠加溶解】效果

图 12-13　添加【渐变擦除】效果

(15) 新建字幕名称为"字幕 03"，选择【文字工具】，编辑内容为"水边开彻芙蓉"。设置相关的字幕属性，使其分为两行，字体大小为 84，字符间距为 30，阴影效果中的不透明度设为 50%，字幕颜色设置为与"字幕 01"相同。为了增添画面效果，选择切角矩形工具。建立两层，右击并选择【排列】|【移到最后】命令，效果如图 12-14 所示。设置完成后，关闭字幕窗口。

图 12-14　设置"字幕"03 的属性

(16) 将刚设置的"字幕 03"拖放至 V2 轨道上，于 00:00:14:20 处开始，与 V1 轨道上的图片素材"画面 3.jpg"的结束时间对齐。在【效果】面板中展开【视频过渡】文件夹，将【叠加溶解】效果拖至"字幕 03"的前端，如图 12-15 所示。

图 12-15　添加【叠加溶解】效果

（17）导入素材"樱花.jpg"，将其拖入到【时间线】窗口的 V1 视频轨道上，吸附于前面的素材。利用"剃刀工具"在 00:00:24:16 处切割"樱花.jpg"素材，如图 12-16 所示。按 Delete 键清除后半部分。

图 12-16　切割素材

（18）将视频效果【调整】文件夹中的【色阶】拖入到素材"樱花.jpg"中。打开【效果控件】面板，在【色阶】属性之中修改(RGB)输入白色阶为 196，(RGB)输出黑色阶为 40，(R)输出黑色阶为 4，其余参数不变，调色后的效果如图 12-17 所示。

（19）导入图片素材"夜景花.jpg"并拖入到【时间线】窗口的 V1 视频轨道中，吸附于前面的素材，复制一层，在【效果控件】面板中修改缩放为 200，设置不透明度关键帧为 50%，将这一层放置在原图层下面，如图 12-18 所示。

图 12-17　调色效果前后对比

图 12-18　编辑"夜景花.jpg"素材

计算机　基础与实训教材系列

第 12 章　综合实训

-281-

(20) 选择项目樱花，单击【效果控件】面板，选择【色阶】效果，右击并选择【复制】命令，回到"夜景花.jpg"复制层。单击【效果控件】面板，在空白处右击，在弹出的快捷菜单中选择【粘贴】命令。此时同样的色阶效果就被粘贴，这种方式可以解决大量相同效果的需求，省时高效。调色效果如图 12-19 所示。

图 12-19　调色效果前后对比

(21) 新建字幕名称为"线条 1"，选择【椭圆工具】绘制椭圆，在【字幕属性】面板中设置相关属性。设置【不透明度】为"100%"，【X 位置】为"709.2"，【Y 位置】为"90.6"，【宽度】为"1287.0"，【高度】为"10.0"，【填充类型】选择"实底"，【颜色】为"#0FFFFFF"，如图 12-20 所示。

图 12-20　设置"线条 1"字幕属性

(22) 在【字幕】面板中单击"基于当前字幕新建字幕"按钮，新建字幕名称为"线条 2"，在【字幕属性】面板中修改相关属性，设置【X 位置】为"1245.5"，【Y 位置】为"993.7"，创建字幕"线条 2"，如图 12-21 所示。

(23) 在【字幕】面板中单击"基于当前字幕新建字幕"按钮，新建字幕名称为"线条 3"，在【字幕属性】面板中修改相关属性，设置【旋转】为"90°"，【X 位置】为"292.7"，【Y 位置】

为 "457.2"，【宽度】为 "892.0"，如图 12-22 所示。

图 12-21 设置 "线条 2" 字幕属性

图 12-22 设置 "线条 3" 字幕属性

(24) 在【字幕】面板中单击【基于当前字幕新建字幕】按钮，新建字幕名称为 "线条 4"，在【字幕属性】面板中修改位置属性，设置【X 位置】为 "1624.4"，【Y 位置】为 "634.0"，如图 12-23 所示。

(25) 右击【时间线】窗口中视频轨道上【切换轨道输出】按钮右侧的空白处，在弹出的快捷菜单中选择【添加轨道】命令，如图 12-24 所示。

(26) 在弹出的【添加轨道】对话框中设置添加 1 轨道，放置在视频 4 之后，单击【确定】按钮添加轨道，如图 12-25 所示。

中文版 **Premiere Pro CC 2018** 视频编辑实例教程

图 12-23　设置"线条 4"字幕属性

图 12-24　添加轨道

图 12-25　设置添加轨道

（27）将字幕"线条 1"拖到 V2 轨道上，在时间线 00:00:27:09 处，设置字幕持续时间为 00:00:05:18。在【效果控件】面板中，新建"线条 1"的位置关键帧，单击【位置】属性前的码表 🕙，在时间线 00:00:27:09 处修改"线条 1"的【位置】属性为"10.0，540.0"建立一个关键帧；在时间线 00:00:29:09 处修改【位置】属性为"960.0，540.0"，自动建立另一个关键帧，形成"线条 1"从左向右移动的动画效果，如图 12-26 所示。

图 12-26　"线条 1"的动画效果

(28) 将字幕"线条 2"拖到 V3 轨道上,在时间线 00:00:27:09 处,设置字幕持续时间为 00:00:05:18。在【效果控件】面板中,新建"线条 2"的位置关键帧,单击【位置】属性前的码表 ,在时间线 00:00:27:09 处修改"线条 2"的【位置】属性为"1910.0,540.0",建立一个关键帧;在时间线 00:00:29:09 处修改【位置】属性为"960.0,540.0",自动建立另一个关键帧,形成"线条 2"从右向左移动的动画效果,如图 12-27 所示。

图 12-27 "线条 2"动画效果

(29) 将字幕"线条 3"拖到 V4 轨道上,在时间线 00:00:27:19 处,将字幕结束时间与 V3 轨道上的字幕文件结束时间对齐。在【效果控件】面板中,新建位置关键帧,单击【位置】属性前的码表 ,在时间线 00:00:27:19 处修改"线条 3"的【位置】属性为"960.0,10.0",建立一个关键帧;在时间线 00:00:29:09 处修改【位置】属性为"960.0,540.0",自动建立另一个关键帧,形成"线条 3"从上到下移动的动画效果,如图 12-28 所示。

图 12-28 "线条 3"动画效果

(30) 将字幕"线条 4"拖到 V5 轨道上,在时间线 00:00:27:19 处,将字幕结束时间与 V4 轨道上的字幕文件结束时间对齐。在【效果控件】面板中,新建位置关键帧,单击【位置】属性前的码表 ,在时间线 00:00:27:19 处修改"线条 4"的【位置】属性为"960.0,1070.0",建立一个关键帧;在时间线 00:00:29:09 处修改【位置】属性为"960.0,540.0",自动建立另一个关键帧,形成"线条 4"从下到上移动的动画效果,如图 12-29 所示。

(31) 分别为"线条 1""线条 2""线条 3"和"线条 4"的入点添加视频过渡效果【交叉溶解】,持续时间均为 1s,之后分别在"线条 1""线条 2""线条 3"和"线条 4"的出点添加视频过渡效果【交叉溶解】,持续时间均为 00:00:00:12,效果如图 12-30 所示。

图 12-29 "线条 4"的动画效果

图 12-30 【交叉溶解】效果

(32) 将"云彩.mp4"拖入视频轨道 V1 上，调节画面的大小及位置。在轨道上右击视频素材"云彩.mp4"，从弹出的快捷菜单中选择【速度/持续时间】命令，在弹出的对话框中设置【持续时间】为 00:00:03:00，如图 12-31 所示，形成视频快进效果。

(33) 在视频素材"云彩.mp4"的入点处添加视频过渡【交叉溶解】效果，在【效果控件】面板中选择对齐方式为"中心切入"，设置【持续时间】为"00:00:01:00"，如图 12-32 所示。

图 12-31 视频快进设置

图 12-32 【交叉溶解】效果

(34) 在视频素材"云彩.mp4"的出点处添加视频过渡【渐隐为黑色】效果,在【效果控件】面板中选择【对齐方式】为"终点切入",设置【持续时间】为"00:00:01:00",如图 12-33 所示。

图 12-33 【渐隐为黑色】效果

(35) 将"画面 5.jpg"拖入视频轨道 V1 上,调节画面的大小及位置。

(36) 新建字幕名称为"字幕 05",选择【文字工具】,编辑内容为"余晖浸染,情意悠扬",设置相关的字幕属性,如图 12-34 所示。设置完成后,关闭字幕窗口。

图 12-34 编辑"字幕 05"

(37) 将刚设置的"字幕 05"拖放至 V2 轨道上,于 00:00:46:23 处开始,与 V1 轨道上的图片素材"画面 5.jpg"的结束时间对齐。在【效果】面板中展开【视频过渡】文件夹,将【叠加溶解】效果拖至"字幕 05"的前端,如图 12-35 所示。

(38) 将前面的云彩视频拖动至画面 5 的后面,添加效果【渐隐为黑色】。

(39) 在【导入】面板中双击,弹出【导入】对话框,将音频素材"配乐素材"导入。

(40) 将音频素材"配乐素材"拖到音频轨道 A1 上并进行预听,发现该音频文件的时间较长,将时间线推到最后一个图片素材的结尾处,利用【剃刀工具】将后半部分音频素材剪掉,如图 12-36 所示。

图 12-35　添加【叠加溶解】效果

图 12-36　剪切音频素材

(41) 打开【效果】面板，打开【音频过渡】中的【交叉淡化】文件夹，选择【恒定功率】效果，将其拖至音频素材的前端，并将【持续时间】设为 "00:00:01:12"，如图 12-37 所示。

图 12-37　设置持续时间

(42) 将【恒定功率】音频效果拖至音频素材的结尾处，使音频文件形成淡出淡入的播放效果，如图 12-38 所示。

图 12-38　给音频首尾添加效果

(43) 将结尾处【恒定功率】效果的【持续时间】设置为 "00:00:02:00"，如图 12-45 所示。

图 12-39　设置持续时间

(44) 预听音频文件，发现音频最大峰值显示红色，说明需要调节音频增益参数。

(45) 右击【时间线】窗口中的音频文件，在弹出的快捷菜单中选择【音频增益】命令，打开【音频增益】对话框，调整增益值为-5，单击【确定】按钮，如图12-40所示。

图 12-40　调整音频增益值

(46) 单击【时间线】窗口，按空格键或回车键浏览效果，最终效果如图 12-41 所示。

图 12-41　最终效果

(47) 最后执行【文件】|【保存】命令，保存项目文件，导出视频。

习　题

新建一个项目文件 "旅游宣传片 XT.prproj"，使用手边的素材和学过的制作方法，制作一个片头和一段重新剪辑的风光宣传片。

计算机 基础与实训教材系列